智慧农业实践

SMART AGRICULTURE PRACTICE

主 编 杨 丹
副主编 胡国平 李 韧 董 超

人民邮电出版社
北 京

图书在版编目（CIP）数据

智慧农业实践 / 杨丹主编. -- 北京 : 人民邮电出版社, 2019.5（2024.7重印）
（智慧城市实践系列丛书）
ISBN 978-7-115-51004-4

Ⅰ. ①智… Ⅱ. ①杨… Ⅲ. ①信息技术－应用－农业
Ⅳ. ①S126

中国版本图书馆CIP数据核字(2019)第054888号

内容提要

本书分为三篇八章,第一篇是理论篇，第二篇是路径篇，第三篇是案例篇。第一篇的内容为智慧农业概述、智慧农业的发展；第二篇讲述了智慧农业的顶层设计与政策、智慧农业之农业物联网、助推智慧农业的大数据、智慧农业之农产品电商、发展智慧农业的难点与对策；第三篇完全通过案例解读智慧农业实践。全书把智慧农业实践的理论和法规通过流程、图表的形式呈现，讲解通俗易懂，可以让读者快速掌握重点，同时避免了晦涩难懂的理论归纳。

本书可供政府和智慧农业管理者、智慧农业建设企业管理者、智慧农业入驻企业管理者、智慧农业研究者阅读和参考，也可作为高等院校相关专业师生的参考书。

◆ 主　　编　杨　丹
副 主 编　胡国平　李　韧　董　超
责任编辑　王建军
责任印制　彭志环
◆ 人民邮电出版社出版发行　　北京市丰台区成寿寺路 11 号
邮编　100164　　电子邮件　315@ptpress.com.cn
网址　http://www.ptpress.com.cn
北京虎彩文化传播有限公司印刷
◆ 开本：700×1000　1/16
印张：15　　2019 年 5 月第 1 版
字数：292 千字　　2024 年 7 月北京第24次印刷

定价：79.00 元

读者服务热线：（010）53913866　印装质量热线：（010）81055316
反盗版热线：（010）81055315
广告经营许可证：京东市监广登字 20170147 号

智慧城市实践系列丛书

编 委 会

耿战修　中国生产力促进中心协会常务副理事长

申长江　中国生产力促进中心协会秘书长

聂梅生　全国工商联房地产商会创会会长

郑效敏　中华环保联合会粤港澳大湾区工作机构主任

乔恒利　深圳市建筑工务署署长

杜灿生　天安数码城集团总裁

陶一桃　深圳大学“一带一路”研究院院长

曲　建　中国（深圳）综合开发研究院副院长

胡　芳　华为技术有限公司中国区智慧城市业务总裁

邹　超　中国建筑第四工程局有限公司副总经理

张　嘉　中国建筑第四工程局有限公司海外部副总经理

张运平　华润置地润地康养（深圳）产业发展有限公司常务副总经理

熊勇军　中铁十局集团城市轨道交通工程有限公司总经理

孔　鹏　清华大学建筑可持续住区研究中心（CSC）联合主任

熊　榆　英国萨里大学商学院讲席教授

林　熹　哈尔滨工业大学材料基因与大数据研究院副院长

张　玲　哈尔滨工程大学出版社社长兼深圳海洋研究院筹建办主任

序言1

中国生产力促进中心协会策划、组织编写了《智慧城市实践系列丛书》(以下简称《丛书》),该《丛书》入选了国家新闻出版广电总局的“十三五”国家重点出版物出版规划项目,这是一件很有价值和意义的好事。

智慧城市的建设和发展是我国的国家战略。国家“十三五”规划指出:“要发展一批中心城市,强化区域服务功能,支持绿色城市、智慧城市、森林城市建设和城际基础设施互联互通”。中共中央、国务院发布的《国家新型城镇化规划(2014—2020年)》以及科技部等八部委印发的《关于促进智慧城市健康发展的指导意见》均体现出中国政府对智慧城市建设和发展在政策层面的支持。

《智慧城市实践系列丛书》聚合了国内外大量的智慧城市建设与智慧产业案例,由中国生产力促进中心协会等机构组织国内外近300位来自高校、研究机构、企业的专家共同编撰。该《丛书》注重智慧城市与智慧产业的顶层设计研究,注重实践案例的剖析和应用分析,注重国内外智慧城市建设与智慧产业发展成果的比较和应用参考。《丛书》还注重相关领域新的管理经验并编制了前沿性的分类评价体系,这是一次大胆的尝试和有益的探索。该《丛书》是一套全面、系统地诠释智慧城市建设与智慧产业发展的图书。我期望这套《丛书》的出版可以为推进中国智慧城市建设和智慧产业发展、促进智慧城市领域的国际交流、切实推进行业研究以及指导实践起到积极的作用。

中国生产力促进中心协会以该《丛书》的编撰为基础,专门搭建了“智慧城市研究院”平台,将智慧城市建设与智慧产业发展的专家资源聚集在平台上,持续推动对智慧城市建设与智慧产业的研究,为社会不断贡献成果,这也是一件十分值得鼓励的好事。我期望中国生产力促进中心协会通过持续不断的努力,将该平台建设成为在中国具有广泛影响力的智慧城市研究和实践的智库平台。

“城市让生活更美好,智慧让城市更幸福”,期望《丛书》的编著者“不忘初

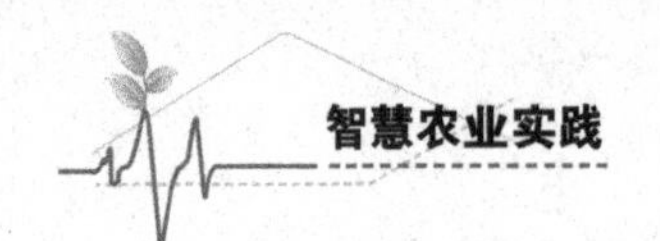

心，以人为本”，坚守严谨、求实、高效和前瞻的原则，在智慧城市的规划建设实践中，不断总结经验，坚持真理，修正错误，进一步完善《丛书》的内容，努力扩大其影响力，为中国智慧城市建设及智慧产业的发展贡献力量，也为“中国梦”增添一抹亮丽的色彩。

中国科学院院士
科技部原部长 徐冠华

序言2

中国正成为世界经济中的技术和生态方面的领导者。中国的领导人以极其睿智的目光和思想布局着全球发展战略。《智慧城市实践系列丛书》(以下简称《丛书》)以中国国家“十三五”规划的重点研究成果的方式出版，这项工程填补了世界范围内的智慧城市研究的空白，也是探索和指导智慧城市与产业实践的一个先导行动。本《丛书》的出版体现了编著者们、中国生产力促进中心协会以及国际智慧城市研究院的强有力的智慧洞见。

为了保持中国在国际市场的蓬勃发展和竞争能力，中国必须加快步伐跟上这场席卷全球的行动。这一行动便是被称作“智慧城市进化”的行动。中国政府和技术研发与实践者已经开始了有关城市的革命，不然就有落后于其他国家的风险。

发展中国智慧城市的目的是促进经济发展，改善环境质量和民众的生活质量。建设智慧城市的目标只有通过建立适当的基础设施才能实现。基础设施的建设可基于“融合和替代”的解决方案。

中国成为智慧国家的一个重要因素是加大国有与私有企业之间的合作。他们都须有共同的目标，以减少碳排放。一旦合作成功，民众的生活质量和幸福程度将得到很大的提升。

我对该《丛书》的编著者们极为赞赏，他们包括国际智慧城市研究院院长吴红辉先生及其团队、中国生产力促进中心协会的隆晨先生。通过该《丛书》的发行，所有的城市都将拥有一套协同工作的基础，从而实现更低的碳排放、更低的基础设施总成本以及更低的能源消耗，拥有更清洁的环境，所有中国民众将过上可持续发展的生活。更重要的是，该《丛书》还将成为智慧产业及技术发展可参考的理论依据以及从业者可以借鉴的范本。

随着中国政府和私有企业的合作，中国将跨越经济、环境和社会的界限，成

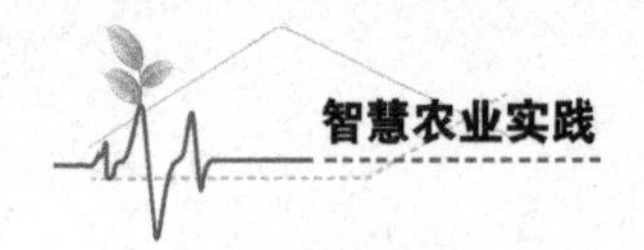

为一个智慧国家。

上述努力会让中国以一种更完善的方式发展，最终的结果是国家不断繁荣，中国民众的生活水平不断提升。中国将是世界上所有想要更美好生活的国家所参照的“灯塔”。

迈克尔·侯德曼

IEEE/ISO/IEC − 21451 − 工作组成员
UPnP+ − IOT, 云和数据模型特别工作组成员
SRII − 全球领导力董事会成员
IPC−2−17− 数据连接工厂委员会成员
CYTIOT 公司创始人兼首席执行官

序言3

随着全球化的发展，新一代人工智能、5G、区块链、大数据、云计算、物联网等技术正在改变着我们的工作及生活方式，大量的智能终端已应用于人类社会的各个场景。虽然“智慧城市”的概念提出已有很多年,但作为城市发展的未来形式,“智慧城市”面临的问题仍然不少，但最重要的是，我们如何将这种新技术与人类社会实际场景有效地结合起来。

传统理解上，人们认为利用数字化技术解决公共问题是政府机构或者公共部门的责任，但实际情况并不尽然。虽然政府机构及公共部门是近七成智慧化应用的真正拥有者，但这些应用近六成的原始投资来源于企业或私营部门，可见，地方政府完全不需要自己主导提供每一种应用和服务。目前，许多城市采用了构建系统生态的方法，通过政府引导以及企业或私营部门合作投资，共同开发智慧化应用创新解决方案。

打造智慧城市最重要的动力来自政府管理者的强大意愿，政府和公共部门可以思考在哪些领域适当地留出空间，为企业或其他私营部门提供创新的余地。合作方越多，应用的使用范围就越广，数据的使用也会更有创意，从而带来更高的效益。

与此同时，智慧解决方案也正悄然地改变着城市基础设施运行的经济效益，促使管理部门对包括政务、民生、环境、公共安全、城市交通、废弃物管理等在内的城市基本服务提供方式进行重新思考。对企业而言，打造智慧城市无疑为他们创造了新的机遇。因此，很多城市的多个行业已经逐步开始实施智慧化的解决方案，变革现有的产品和服务方式。比如，药店连锁企业开始变身成为远程医药提供商，而房地产开发商开始将自动化系统、传感器、出行方案等整合到其物业管理系统中，形成智慧社区。

未来的城市

智慧城市将基础设施和新技术结合在一起，以改善人们的生活质量，并加强他

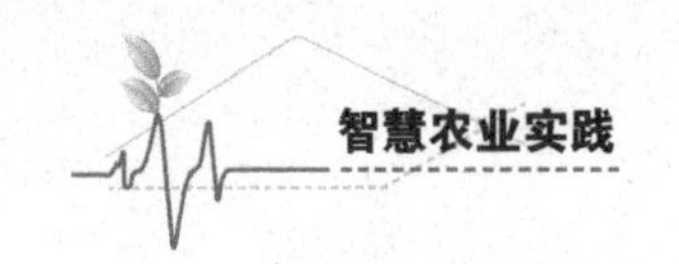

们与城市环境的互动。但是，如何整合与有效利用公共交通、空气质量和能源生产等数据以使城市更高效有序地运行呢？

5G时代的到来，高带宽与物联网（IoT）的融合，都将为城市运行提供更好的解决方案。作为智慧技术之一，物联网使各种对象和实体能够通过互联网相互通信。通过创建能够进行智能交互的对象网络，各行业开启了广泛的技术创新，这有助于改善政务、民生、环境、公共安全、城市交通、能源、废弃物管理等方面的情况。

通过提供更多能够跨平台通信的技术，物联网可以生成更多数据，有助于改善日常生活的各个方面。

效率和灵活性

通过建设公共基础设施，智慧城市助力城市高效运行。巴塞罗那通过在整座城市实施的光纤网络中采用智能技术，提供支持物联网的免费高速 Wi-Fi。通过整合智慧水务、照明和停车管理，巴塞罗那节省了 7500 万欧元的城市资金，并在智慧技术领域创造了 47000 个新工作岗位。

荷兰已在阿姆斯特丹测试了基于物联网的基础设施的使用情况，其基础设施根据实时数据监测和调整交通流量、能源使用和公共安全情况。与此同时，在美国，波士顿和巴尔的摩等主要城市已经部署了智能垃圾桶，这些垃圾桶可以提示可填充的程度，并为卫生工作者确定最有效的路线。

物联网为愿意实施智慧技术的城市带来了机遇，大大提高了城市的运营效率。此外，各高校也在最大限度地发挥综合智能技术的影响力。大学本质上是一座“微型城市”，通常拥有自已的交通系统、小企业以及学生，这使得校园成为完美的试验场。智慧教育将极大地提高学校老师与学生的互动能力、学校的管理者与教师的互动效率，以及加强学生与校园基础设施互动的友好性。在校园里，您的手机或智能手表可以提醒您课程的情况以及如何到达教室，为您提供关于从图书馆借来的书籍截止日期的最新信息，并告知您将要逾期。虽然与全球各个城市实践相比，这些似乎只是些小改进，但它们可以帮助需要智慧化建设的城市形成未来发展的蓝图。

未来的发展

随着智慧技术的不断发展和城市中心的扩展，两者的联系将更加紧密。例如，美国、日本、英国都计划将智慧技术整合到未来的城市开发中，并使用大数据技术来完善、升级国家的基础设施。

非常欣喜地看到，来自中国的智慧城市研究团队，在吴红辉院长的带领下，正不断努力，总结各行业的智慧化应用，为未来智慧城市的发展提供经验。非常感谢他们卓有成效的努力，希望智慧城市的发展，为我们带来更低碳、安全、便利、友好的生活模式！

中村修二　2014年诺贝尔物理学奖得主

Preface

前 言

智慧农业离不开互联网、物联网和传感器等技术硬件的基本支撑，智慧农业能够给农业种植和生产带来质的提升，智慧农业能为居民提供稳定的日常农产品需求。智慧城市离不开现代农业和智慧农业的基本支撑，因为我们每个人都要吃饭，都要呼吸新鲜的空气，为此，在推进智慧城市的过程中，农业忽视不得。

我国一直非常重视农业的发展。在“十三五”规划建议中，推进农业现代化发展也被摆在重要位置。其中，农村电商企业、现代农业、农业信息化建设被广泛提及，这说明在互联网时代，政策正着力推动“互联网 + 农业”的发展。党的十九大报告提出，实施“乡村振兴”战略，要坚持农业农村优先发展，按照产业兴旺、生态宜居、乡风文明、治理有效、生活富裕的总要求，建立健全城乡融合发展体制机制和政策体系，加快推进农业农村现代化。这是我国未来 20 ~ 30 年农业农村发展的国家基本战略。

在此背景下，我国将物联网技术、云计算技术、大数据技术应用于传统农业生产中，运用传感器和软件，通过移动平台或电脑控制农业生产，使更具“智慧”的智慧农业迎来发展风口。

智慧农业通过生产领域的智能化、经营领域的差异性以及服务领域的全方位信息服务，推动农业产业链改造升级，实现农业精细化、高效化与绿色化，保障农产品安全、农业竞争力提升和农业可持续发展。因此，智慧农业是我国农业现代化发展的必然趋势，是智慧经济的重要组成部分，是智慧城市发展的重要方面。对于发展中国家而言，智慧农业是智慧经济的主要组成部分，是发展中国家消除贫困、实现后发优势、经济发展后来居上、实现赶超战略的重要途径。

智慧农业在我国的发展已经初见成效，但也还存在许多问题，如智慧农业涉及的应用面较广，今后的重点发展领域、不同发展阶段的具体应用方式以及推进规模、政府定位、相关企业的协同发展方式等尚缺乏系统规划；在农业信息采集、远程监控、数据处理等方面，用于农业生产监测的传感设备种类不全、功能不完善，精确度和灵敏度也不高；在农业自动化控制方面，存在环境因素远程调控的自动化程度还不高的情况；在农业智能化决策支持方面，有关农作物生长的数字化模型仍未建立完成，而且由于缺乏统一的标准，智能分析结果存在偏差；农民的农业信息化意识非常薄弱，再加上农业信息化宣传力度不到位，因而智慧农业发展滞后。

基于此，我们从理论、政策、专业性、实用性及实操性几个方面入手，编写了《智慧农业实践》，供从事智慧农业实践的农村地方党政干部、相关从业人员、涉农电商企业负责人与农村电子商务创业者阅读和参考。

本书在成书的过程中，获得了多个职业院校、农业研发机构、大数据公司、农业一线科研人员的帮助和支持，在此对他们付出的努力表示感谢！同时，由于编者水平有限，加之时间仓促，错误疏漏之处在所难免，敬请读者批评指正。

Contents
目　录

第一篇　理论篇

第二篇 路径篇

第三篇 案例篇

第一篇

理　论　篇

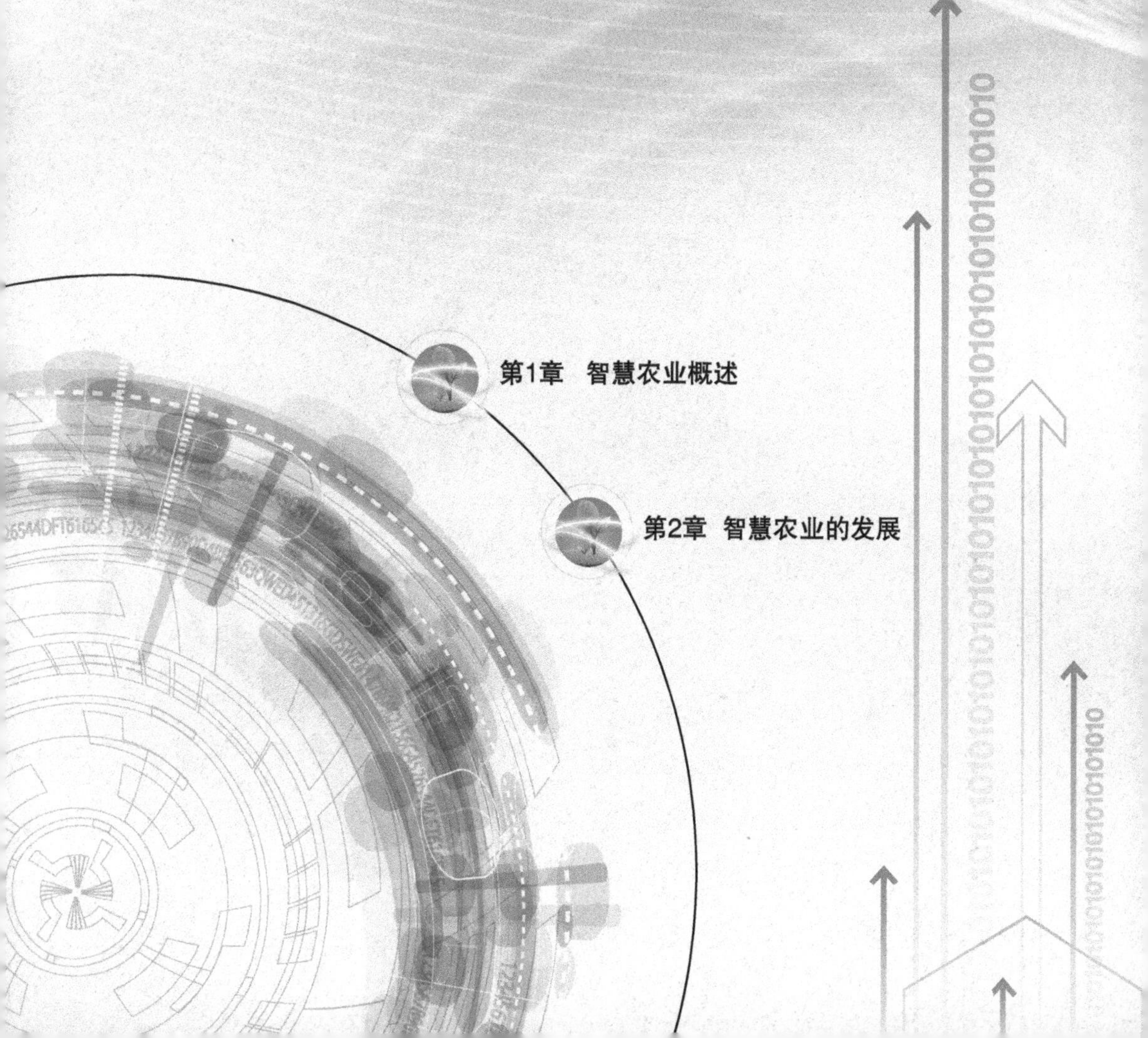

第1章 智慧农业概述

改革开放以来，我国农业发展取得了显著成绩，粮食产量不断增长，蔬菜、水果、肉类、禽蛋、水产品的人均占有量排在世界前列。目前，我国大力发展以运用智能设备、物联网、云计算与大数据等先进技术为主要手段的智慧农业以满足更多的需求。

智慧农业通过生产领域的智能化、经营领域的差异性以及服务领域的全方位等信息服务，推动农业产业链改造升级，实现农业精细化、高效化与绿色化，保障农产品的安全、农业竞争力的提升和农业的可持续发展。

智慧农业是智慧经济的重要组成部分，是智慧城市发展的重要方面。对于发展中国家而言，智慧农业是消除贫困、实现后发优势、经济发展后来居上、实现赶超战略的主要途径。

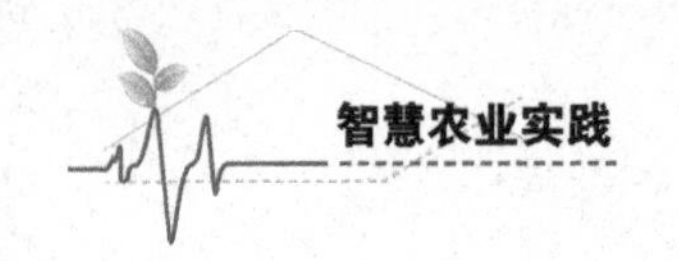

1.1 何谓智慧农业

对比传统农业，智慧农业的蔬菜无需栽种于土壤，甚至无需自然光，但产量却可达到常规种植的 3 ～ 5 倍；农作物的灌溉和施肥无需人工劳作，而由水肥一体化灌溉系统精准完成，比大田漫灌节水 70%～ 80%；种植空间不只限于平面，还可垂直立体，土地节约高达 80%；可利用无人机打农药，大棚采摘有机器人。传统农业的耕地、收割、晒谷、加工已全程实现机械化。

智慧农业是利用物联网等信息技术改造传统农业的，主要数字化设计农业生产要素，智能化控制农业物联网的技术和产品，它主要是通过传感技术、智能技术还有网络技术，实现农业技术的全面感知、可靠传递、智能处理、自动控制。传感技术用来采集动植物的生长环境和生育信息；网络技术是通过移动互联技术来传输信息；智能技术用来分析动植物生长情况和环境条件；自动控制技术则可以根据动植物生长情况对环境进行相应的调节，使环境更加适合动植物生长。

水稻田用上大田智能灌溉、无人植保机喷施农药等技术，人们就再也不用顶着烈日踩着水车给田里灌水了，也不用冒着生命危险背着喷雾器去打农药了。粮食的质量与产量都有了很大的提升。雨水收集再利用系统实现了节水型循环农业种植。

除了种植业以外，养殖户也开始采用高科技饲养家禽。村里的鸡舍、猪舍也实现了现代化管理，养殖户通过智能系统可以实现自动喂食、喂水，自动清洗动物粪便，还可以通过物联网监测与控制舍内环境，为鸡与猪创造良好的生长环境，肉、蛋的品质自然也就提高了。

智慧农业是指将云计算、传感网等现代信息技术应用到农业的生产、管理、营销等各个环节，实现农业智能化决策、社会化服务、精准化种植、可视化管理、互联网化营销等全程智能管理的高级农业阶段。智慧农业是一种集物联网、移动互联网和云计算等技术为一体的新型农业业态，它不仅能够有效改善农业生态环境、提升农业生产经营效率，还能彻底转变农业生产者、消费者的观念。

智慧农业主要依靠“5S”技术、物联网技术、云计算技术、大数据技术及其他电子和信息技术，并与农业生产全过程结合，是一种新的发展体系和发展模式。

何谓5S技术

“5S”技术含义如下。

1. 遥感技术（Remote Sensing，RS）

遥感是农业技术体系中重要的工具。遥感技术利用高分辨率（米级分辨率）传感器，全面监测不同作物的生长期并根据光谱信息、空间定性、定位分析农作物的生长情况，为定位处的农作物提供大量的田间时空变化信息。

2. 地理信息系统（Geographic Information System，GIS）

① 农田数据库管理。GIS 主要用于建立农田土地管理、土壤数据、自然条件、生产条件、作物苗情、病虫草害发展趋势、作物产量等内容的空间信息数据库并进行空间信息的地理统计处理、图形转换与表达等。

② 绘制作物产量分布图。

③ 农业专题地图分析。GIS 提供的覆合叠加功能将不同农业专题数据组合在一起，形成新的数据集。例如，GIS 将土壤类型、地形、农作物覆盖数据覆合叠加，建立三者在空间上的联系，种植户可以很容易地分析出土壤类型、地形、作物覆盖之间的关系。

3. 全球定位系统（Global Positioning System，GPS）

GPS是一种高精度、全天候、全球性的无线电导航、定位、定时系统。

（1）系统组成

GPS 由包括 24 颗地球卫星组成的空间部分、地面监控部分以及用户接收机三个主要部分组成。

（2）两大系统

目前，已建成投入运行的全球卫星定位系统有美国国防部建设的 GPS 系统和俄罗斯建设的 GLONASS（Global Nvigation Satellite System）。

（3）GPS 在农业中的作用

① 精确定位。农业机械化系统根据GPS的导航可将作物需要的肥料送到准确

位置，也可以将农药喷洒到准确位置。

② 田间作业自动导航。

③ 测量地形起伏状况。GPS系统能精确定位和高度测量地形。

4. 数字摄影测量系统（Digital Photogrammetry System，DPS）

DPS是具有数字化测绘功能的软、硬件摄影测量系统。数字摄影测量是基于计算机技术、数字影像处理、影像匹配、模式识别等多学科的技术理论与方法，提取所摄对象并以数字方式表达的几何与物理信息的 摄影测量学的分支学科。

5. 专家系统（Expert System，ES）

ES是具有与人类专家系统同等能力解决问题的智能程序系统。具体地讲，专家系统是指在特定的领域内，根据某一专家或专家群体提供的知识、经验及方法进行推理和判断，模拟人类专家做决定的过程，以此来解决那些需要人类专家决定的复杂问题，提出专家水平的解决方法或决策方案。

智慧农业体系运用“5S”技术快速分析土壤，监测作物长势，分析当时的气候、土壤情况等，进而作出正确的决策，将农业生产活动、生产管理相结合，创造新型农业生产方式和经营模式。

1.1.1　智慧农业的狭义与广义之划分

1.1.1.1　狭义的智慧农业

狭义的智慧农业就是充分应用现代信息技术成果，集成应用计算机与网络技术、物联网技术、音视频技术、无线通信技术及专家智慧与知识，实现农业可视化远程诊断、远程控制、灾变预警等智能管理的农业生产新模式。

智慧农业是农业生产的高级阶段，它集互联网、云计算和物联网技术为一体，依托部署在农业生产场地的各种传感节点（环境温湿度、土壤水分、二氧化碳、图像等）和无线通信网络实现农业生产环境的智能感知、智能预警、智能分析，为农业生产提供精准化种植、可视化管理、智能化决策，如图 1-1 所示。

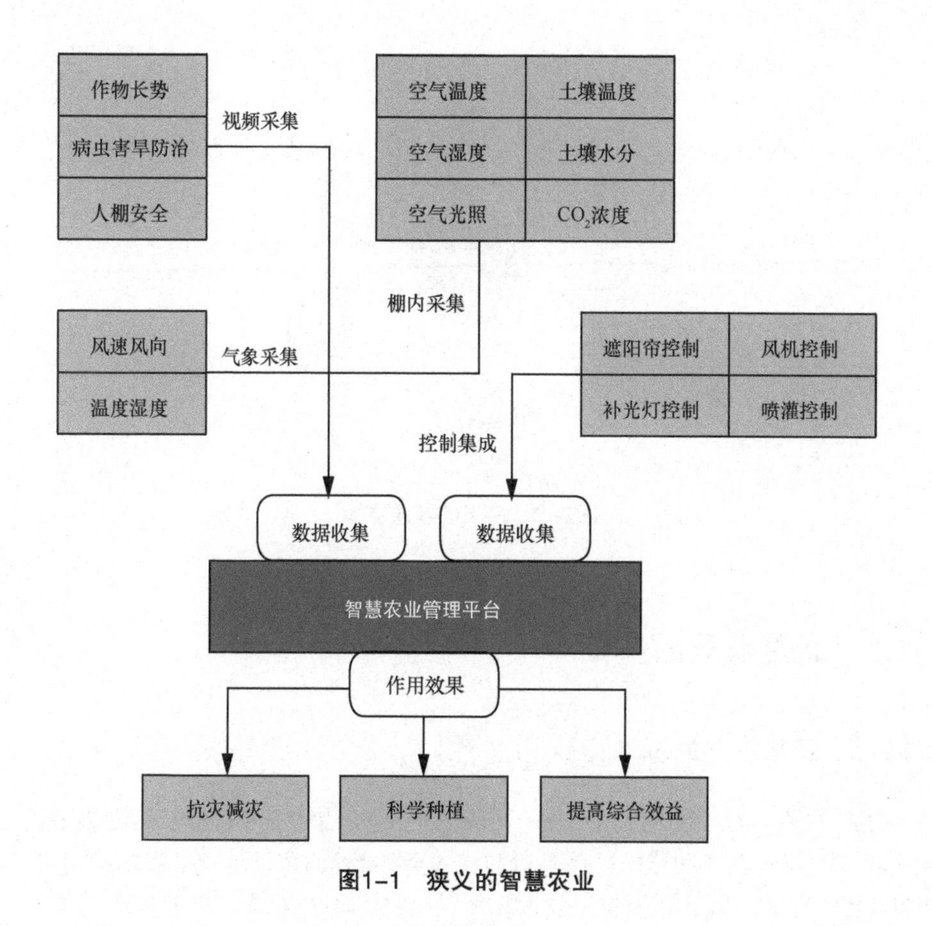

图1-1 狭义的智慧农业

1.1.1.2 广义的智慧农业

广义的智慧农业是指将云计算、传感网、5S 等多种信息技术在农业中综合、全面的应用。广义的智慧农业实现了更完备的信息化基础支撑、更透彻的农业信息感知、更集中的数据资源、更广泛的互联互通、更深入的智能控制、更贴心的公众服务。

广义范畴上，智慧农业还包含农业电子商务、食品溯源防伪、农业休闲旅游、农业信息服务等方面，如图 1-2 所示。它是将云计算、传感网等现代信息技术应用到农业生产、管理、营销等各个环节，实现农业智能化决策、社会化服务、精准化种植、可视化管理、互联网化营销等全程智能管理的高级农业阶段，还是一种集物联网、移动互联网和云计算等技术为一体的新型农业业态，它不仅能有效改善农业生态环境，提升农业生产经营效率，还能彻底转变农业生产者、消费者的观念。

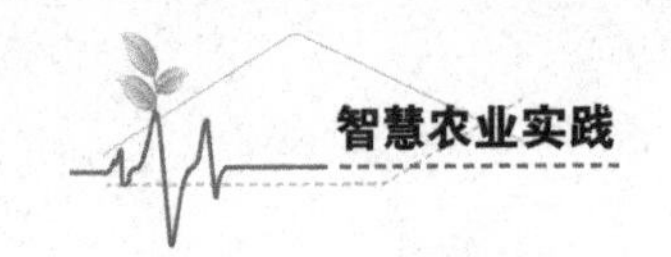

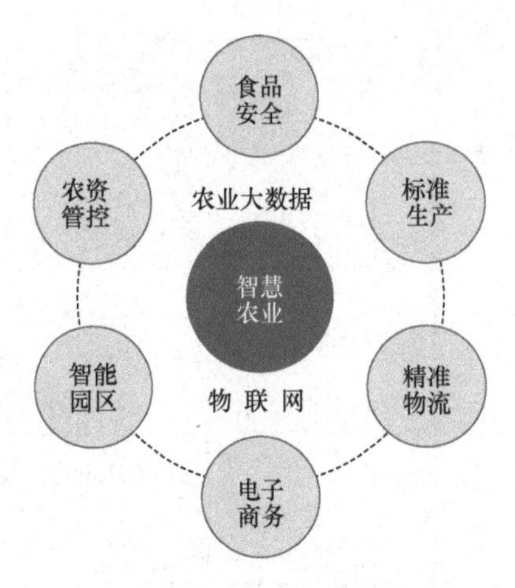

图1-2　广义的智慧农业

1.1.2　智慧农业的特征

1.1.2.1　智慧农业的基本特征

现代农业相对于传统农业，是一个新的发展阶段和渐变过程。智慧农业既是现代农业的重要内容和标志，也是对现代农业的继承和发展。智慧农业的基本特征是高效、集约，核心是信息、知识和技术在农业各个环节的广泛应用。

1.1.2.2　智慧农业的产业特征

智慧农业是一个产业，它是现代信息化技术与人类经验、智慧的结合及其应用所产生的新的农业形态。在智慧农业环境下，现代信息技术得到充分应用，可最大限度地把人的智慧转变为先进的生产力。智慧农业将知识要素融入其中，实现资本要素和劳动要素的投入效应最大化，使得信息、知识成为驱动经济增长的主导因素，使农业增长方式从依赖自然资源向依赖信息资源和知识资源转变。因此，智慧农业也是低碳经济时代农业发展形态的必然选择，符合人类可持续发展的愿望。

1.1.3　现代的智慧农业

智慧农业被列入政府主导推动的新兴产业，它与现代农业同步发展，使现代农业的内涵更加丰富，时代性更加鲜明，先进性更加突出，这必将极大地提升农业现代化的发展步伐。

1.2 智慧农业概念的由来

智慧农业的概念由电脑农业、精准农业（精细农业）、数字农业、智能农业等名词演化而来，其技术体系主要包括农业物联网、农业大数据和农业云平台三个方面。智慧农业运用现代化的互联网手段将农业与科技相结合，用现代化的操作模式改变传统的耕作方式。

1.2.1 电脑农业

20 世纪 70 年代，美国 Illinois 大学的植物病理学家和计算机科学家共同开发出大豆病害诊断专家系统（PLANT/ds）。一个未经训练的普通人使用该系统能够识别大豆病害症状，并提出管理方案。此后，美国、日本、英国、荷兰、加拿大等国家相继开发了其他农业专家系统。其中最成功的要数美国农业部农业研究服务中心作物模拟研究所于 1985 年研究的棉花管理专家系统（COMAX-GOSSYM）。COMAX 在农场内能提供灌溉、施肥、施用脱叶剂和棉桃开裂的最佳方案。

发达国家在完成工业化和农业机械化之后开始推进农业信息化建设，我国采取工业化和信息化并进的模式，充分发挥信息技术的后发优势，以信息化促进工业化，带动农业现代化发展。

从 1996 年开始，国家“863”计划“计算机主题”在原来技术探索和储备的基础上，开始实施智能化农业信息技术应用示范工程，以农业专家系统的开发及推广应用为重点，帮助农民提高种田水平，提高农业生产质量效益，帮助农民增收增效。电脑农业的实施增强了广大农民、农业技术人员对信息技术促进农业发展的认识，是信息技术在农业领域应用的成功典范，开拓了我国农业信息化工作的思路，成为加速我国农业现代化建设的催化剂。

电脑农业在我国粮食主产区和经济发达地区的实施，促进了这些地区农业的优质高产，提高了市场化水平，推动了农村现代化发展进程。

黑龙江省是我国的农业大省，国营农场世界闻名，是我国大农业的典型代表。这里的国营农场农业田间作业机械化率达到90%以上，基本实现了农业机械化。从1998年开始，黑龙江省实施电脑农业，重点在友谊农场、牡丹江856农场、二道河农场推广应用大豆、北方水稻、农机耕作专家系统，提高了农机作业质量，减少了化肥等农业生产投入，降低了农业生产成本，为示范农场带来了可观效益。示范推广的农业专家系统，与智能化农业机械紧密结合，能够及时、精确地获得农业信息，做到准确诊断，进一步发挥了先进农业机械的作用。

1.2.2 精准农业

精准农业（也称为精确农业）追求以最少的投入获得优质的高产出和高效益。

精准农业是指利用遥感、卫星定位系统、地理信息系统等技术，实时获取农田每一平方米或几平方米为一个小区的作物生产环境、生长状况和空间变异的大量时空变化信息，及时管理，并分析、模拟作物苗情、病虫害、伤情等的发生趋势，为资源的有效利用提供必要的空间信息。在获取信息的基础上，利用智能化专家系统、决策支持系统，按每一块的具体情况作出决策，做到精准播种、精准施肥、精准喷洒农药、精准灌溉、精准收获等精准化的生产管理。

精准农业的具体含义是指按照农业操作每一单元的具体条件，精细、准确地调整各项农业管理措施，在每一生产环节上最大限度地优化各项农业投入，以获取最大经济效益和环境效益。

在现代信息技术应用日趋广泛的今天，卫星和信息技术正在帮助许多国家的农业生产者进行低污染而又高效益的农业耕种。例如，英国梅西弗格森公司研制出全球定位测绘系统，该系统可用于耕地面积为$10km^2$的农场。

目前，卫星定位系统和电脑结合的技术设备，在美国、欧洲和日本已广泛将其应用于拖拉机、播种机和收割机上。比如，将卫星定位系统接收器与电脑显示屏安装在拖拉机上和播种机上，农场主按照提前设定好的耕种路线图，在夜间照样可以均匀地精耕细作。将这些技术设备用在收割机上，收割机在收割时，驾驶舱里的显示屏就会准确显示每块地的庄稼产量和重量。卫星和信息技术还可以准确地监测每块庄稼的病虫害以及肥料、水分等庄稼营养成分的情况。

在现代信息技术的支持下，智慧农业得以大放光彩：

① 根据土壤的状况改善肥力的效果；

② 根据病虫害的情况调节农药喷洒量；

③ 不再耕种那些土壤已经板结的土地，放弃那些耕种时间过长的土地；

④ 自动调节拖拉机的耕种深度。

借助卫星的密切监视，加上拖拉机的电脑上记录的作业情况，农场主就可以以最“科学”的方式管理“电脑农场”。

1.2.3 数字农业

1997年，数字农业由美国科学院、工程院正式提出。数字农业是指将遥感、地理信息系统、全球定位系统、计算机技术、通信和网络技术、自动化技术等高新技术与地理学、农学、生态学、植物生理学、土壤学等基础学科有机地结合起来，实现农业生产过程中从宏观到微观的实时监测农作物和土壤，定期获取农作物生长、发育状况、病虫害、水肥情况以及相应的环境信息，生成动态空间信息，模拟农业生产中的现象、过程，达到合理利用农业资源，降低生产成本，改善生态环境，提高农作物产量和质量的目的。

数字农业是对有关农业资源（植物、动物、土地等）、技术（品种、栽培、病虫害防治、开发利用等）、环境、经济等各类数据的获取、存储、处理、分析、查询、预测与决策支持系统的总称。数字农业是信息技术在农业应用中的高级阶段，是农业信息化的必由之路；农业信息化、智能化、精确化与数字化将是信息技术在农业应用中的结果。

1.2.4 智能农业

智能农业（或称工厂化农业）是指在相对可控的环境条件下，农业采用工业化生产，实现集约、高效、可持续发展的现代超前农业的生产方式，具有高度的技术规范和高效益的集约化规模经营的生产方式。

智能农业集科研、生产、加工、销售于一体，实现了周期性、全天候、反季节的企业化规模生产。它集成现代生物技术、农业工程、农用新材料等学科，以现代化农业设施为依托，科技含量高、产品附加值高、土地产出率高和劳动生产率高，是我国农业新技术革命的跨世纪工程。

智能农业系统实时采集室内温度、土壤温度、二氧化碳的浓度、空气湿度以及叶面湿度、露点温度等环境参数，自动开启或者关闭指定设备。它可以根据用户需求，随时进行处理，自动监测农业综合生态信息，为自动控制和智能化管理环境提供科学依据。智能农业系统通过模块采集温度传感器等信号，经由无线信

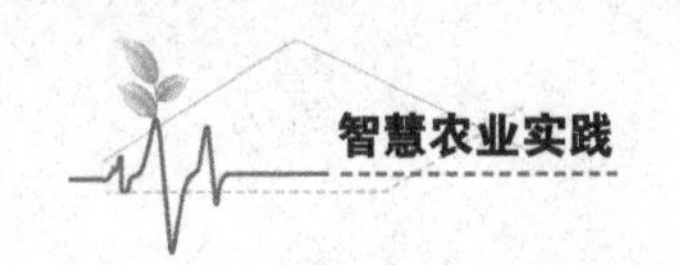

号收发模块传输数据，远程控制大棚温湿度。智能农业系统还包括智能粮库系统，该系统通过将粮库内温湿度变化的感知与计算机或手机连接进行实时观察，记录现场情况以保证粮库的温湿度平衡。

基于物联网的智能农业系统可用于大中型农业种植基地、设施园艺、畜禽水产养殖和农产品物流。智能农业系统布设的6种类型的无线传感节点，包括空气温度、空气湿度、土壤温度、土壤湿度、光照强度、二氧化碳浓度，通过低功耗自组织网络的无线通信技术无线传输传感器数据。所有数据汇集到中心节点，通过无线网关与互联网或移动网络相联，实现农业信息的多维度（个域、视域、区域、地域）传输。用户通过手机或计算机可以实时掌握农作物生长的环境信息，系统根据环境参数诊断农作物生长状况和病虫害状况。同时，在环境参数超标的情况下，系统可远程控制灌溉设备等，实现农业生产的产前、产中、产后的全程监控，进而实现农业生产集约、高产、优质、高效、生态、安全等可持续发展的目标。

无锡阳山镇专门开发了针对桃园种植的物联网监测系统，实现了高科技种桃。该镇有25亩桃林被作为物联网种植园的示范基地，由22个传感器和3个微型气象站组成的监测系统充当“智慧桃农”。这种绿色农业种植模式有效压缩了成本，提高了经济效益，实现了高产、优品的种植目标。

1.3 智慧农业的主要内容

智慧农业依照应用领域的不同大致分为智慧科技、智慧生产、智慧组织、智慧管理、智慧生活5个方面。

1.3.1 智慧科技

农业科技是解决“三农”问题的重中之重，农业只有依靠科技才能实现进步、发展，进而改善农民的生活。农业科技在现代科学技术发展的基础上实现了农业现代化，开创了农业发展新模式。互联网的加入方便了农业科学家的相互交流，有助于农业科技的进一步发展，使得农业科技更智慧。

1.3.2 智慧生产

农业生产是整个农业系统的核心，它包括生物、环境、技术、社会经济 4 个生产要素。农业数学建模可以表现农业生产过程的外在关系和内在规律，在此基础上建立的各种农业系统，可使生产的产品更安全、更具竞争力，减少了生产过程资源的浪费，降低了环境的污染。同时，新兴的各项技术还被应用于传统大宗农作物，并且我们据此开发了作物全程管理等多种综合性系统，这些系统操作简单、明了，被应用在经济作物、特种作物上，方便了广大农民的使用，使农业生产更智慧。

1.3.3 智慧组织

智慧组织是指优化各类生产要素，打造主导产品，实现布局区域化、管理企业化、生产专业化、服务社会化、经营一体化的组织模式。它由市场引领，带动基地、农户联合完成生产、功效、贸易等一体化的经管活动。各种组织将散户的小型农业生产转变为适应市场的现代农业生产。现代农业市场的竞争是综合性的，提升了品牌价值、改变经营方式的农产品才能更好适应现代农业市场。感知技术、互联互通技术等现代技术使得农业组织更为智慧。

1.3.4 智慧管理

现代农业的集约化生产和可持续发展要求管理人员实时了解农业相关资源的配置情况，掌握环境变化，加强对农业整体的监管，合理配置、开发、利用有限的农业资源，实现农业的可持续发展。我国农业资源分布有较大的区域差异，种类多、变化快，难以依靠传统方法进行准确预测，而现代技术的广泛应用方便了现代农业的管理，传感器的应用帮助农户高速实时获取信息，各类资源信息数据得以被农户管理和分析，农业的管理与决策更加智慧。

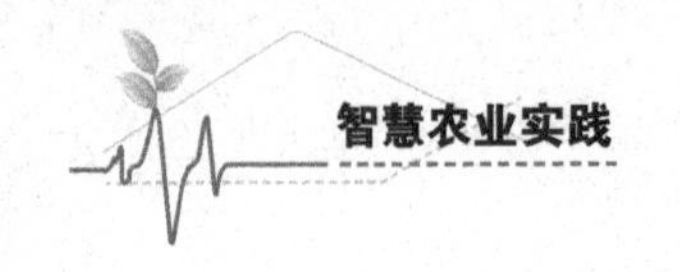

1.3.5 智慧生活

农村有了新的科学技术，有了配套的医疗卫生条件，新一代的农民接受更为多样的基础教育，也接受针对性的职业培训。智慧农业可以让本地农民更好地根据市场需要进行合理的生产，同时也能让农民在足不出户的情况下了解外面的世界，获取外界的资源。

1.4 智慧农业涉及的关键技术

1.4.1 物联网技术

物联网技术是以互联网为代表的信息技术的集成，其技术具体包括以下几个方面。

1.4.1.1 无线传感器技术

智慧农业系统采用无线传感器技术收集农业生产参数，如温度、湿度、氧气浓度等，采用自动化、远程监控技术监测农作物的生长环境，将采集到的数据处理和汇总，并上传到农业智能化信息管理系统中。

1.4.1.2 远程控制技术

系统根据监测到的农作物的生长参数，对比标准值灵活调整生产条件，如采取远程控制技术调节二氧化碳的浓度，控制大棚湿度、温度等，有效提高了农业生产管理的智能化水平。

1.4.1.3 无线射频技术、射频识别技术

智慧农业利用无线射频技术、射频识别（Radio Frequency Identification，RFID）技术，建立农产品安全管理信息系统，该系统可回溯到农产品的每一个生产环节，不断提升农产品技术含量和附加值。

1.4.1.4 无线通信和扫描技术

智慧农业利用无线通信和扫描技术，建立无线传感信息系统。该系统实时采集农作物生产过程中的指标和环境参数，科学布局农业生产结构，合理搭配农作物品种、采用科学检测方法确定农作物的健康状态，促进农作物生产管理向精细化、科学化的方向发展。

1.4.2 云计算技术

云计算技术在农业生产管理中具有很广泛的运用空间，智慧农业可以利用其集约化、动态化资源分配和管理的优势，建立现代化、集约化和科学化的农业生产技术运用平台。目前，许多省市正在建立现代农业信息平台，该信息平台可以收集农作物种植、生产加工、物流运输和市场消费数据，形成不同类别的管理报表和数据库，为开展科学分析提供充分的数据信息参考。

云计算系统可执行数据收集、分类、保密等操作指令，按照一定的规则和方式存储、调用和共享云数据。通常，县级农业主管机构负责收集农业生产信息和数据，基层农业生产机构监督数据，而云计算系统则专业加工和处理数据，这些数据可为生产管理者提供参考。

1.4.3 大数据技术

大数据技术是指采用统计学理论和方法，通过精细化分析、聚类、总结海量数据，找出有价值的目标数据资源，分析繁杂事务中的本质关系；通过比较不同层次、维度、历史和现代数据，找出有规律性的东西，得出有价值的结论。

在农业生产和管理领域中，大数据技术有广泛的运用空间，具体应用有以下几点。

① 大数据技术能提取历年来农业生产的灾害数据、土壤肥力等参数信息、农产品市场需求数据等，采用统计分析方法，通过实证分析和案例比较，为智慧农业发展提供有益的信息参考和指导。

② 大数据技术能利用农业资源数据，如水资源、大气环境、生物多样性等资料数据，研究我国农业发展面临的资源、环境和生物多样性的问题，在对农业生产进行综合调查的基础上，提出有针对性的改进措施。

③ 大数据技术能通过收集农业生产、生态环境数据和参数，如土壤、空气、

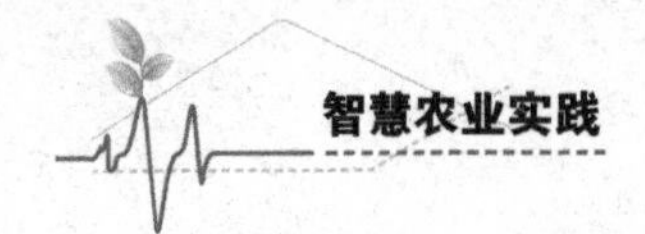

湿度、温度、日照等数据，建立数学回归模型、预测模型，科学分析农业生产条件和环境。

④ 大数据技术能通过收集农产品生产、加工、物流和仓储数据，如生产者、加工流程、产业链、物流体系、库存管理、市场销售等数据，建立覆盖生产前、中、后的数据库系统，分析农产品生产安全问题，切实提高农产品安全管理水平，为广大消费者提供可靠的食品供应。

⑤ 大数据技术能利用农业生产监控技术，如远程视频技术、实时数据采集技术、自动化控制技术等，分析农业生产过程存在的问题，为农业生产、农产品加工提供科学指导。

第2章

智慧农业的发展

智慧农业于20世纪80年代初在美国兴起。信息技术和智能化技术的快速发展，使得农作物栽培管理、测土配方施肥等农业技术成为早期智慧农业发展的萌芽。20世纪90年代，卫星定位系统广泛应用，信息技术广泛普及，在此背景下，农业生产获得极大的发展。到了21世纪，智慧农业发展形成规模，增强了农业生产能力，提高了农业生产效率，使农业成为持续高效的产业。智慧农业不仅是一场信息技术革命，而且还是农业发展理念的重大变革。它利用现代智能技术，通过精细化的管理，控制农业生产和农业产品，从而达到更加智慧的发展。

2.1 欧美等各国智慧农业的发展

目前，发达国家如英国、美国和日本等国的农业设施已具备了技术成熟、设施设备完善、生产规范、产量稳定、质量保证性强等特点，形成了集设施制造、环境调节、生产资料为一体的产业体系。

2.1.1 英国：精准农业始于大数据整合

精准农业在英国不断实践与发展，已经形成了高新技术与农业生产相结合的技术体系，且已被广泛承认是发展可持续农业的重要途径。精准农业技术体系已应用于英国许多家庭农场的生产管理上。

2.1.1.1 政府部门的推动

近年来，气候变化和全球农业生产竞争强度的提升，使得英国农业部门收入经历了多次明显波动。

英国相关部门认为，应对上述挑战，一方面，英国农业需要向“精准农业”迈进，结合数字技术、传感技术和空间地理技术，更为精准地种植和养殖；另一方面，需要提升农业生产和市场需求的对接能力。

在这一背景下，英国政府启动“农业技术战略”。该战略高度重视利用“大数据”和信息技术提升农业生产效率。

“农业技术战略”的核心是建立以“农业信息技术和可持续发展指标中心”为基础的一系列农业创新中心。为促进农业生产和市场化、“大数据”和信息技术的充分融合，该中心囊括了英国国内信息技术和农业技术的顶尖研究机构和企业，包括英国洛桑研究所、雷丁大学、苏格兰农业学院等。

为了便于所有农业技术战略的参与者能够最大化实现数据的共享，英国政府为该中心确立了开放数据的政策。该中心的核心业务是搭建和完善数据科学和建模平台，以搜集和处理农业产业链上所有公开的行业数据。

2.1.1.2 英国精准农业的特点

英国精准农业的特点如图 2-1 所示。

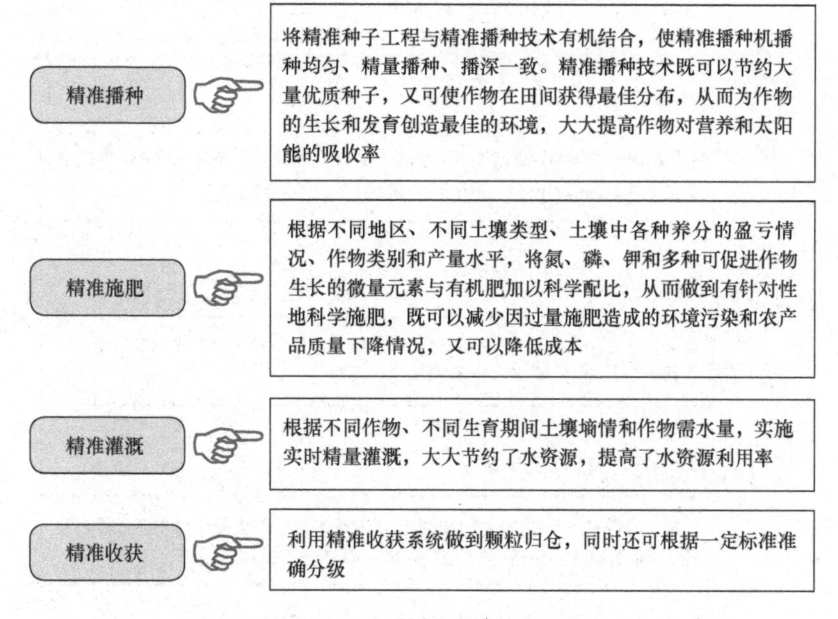

图2-1 英国精准农业的特点

2.1.1.3 英国先进的精准农业技术体系

英国先进的精准农业技术体系系统而全面，包括全球定位系统、地理信息系统、空间技术与数据库、遥感系统、作物生产管理专家决策系统等各类信息技术及系统的集成与应用，如图 2-2 所示。

2.1.2 美国：信息化支撑农业发展

美国是世界上农业生产技术水平最高、劳动生产效率最高、农产品出口量最大、城市化程度最高的国家之一，农业成为美国在世界上最具竞争力的产业。

美国农业信息化建设起步于 20 世纪 50 年代，经过半个多世纪的发展，美国现已成为世界上农业信息化程度最高的国家之一。农业信息化的发展，有力地促进了美国农业整体水平的提高。

1 全球定位系统

英国精准农业广泛采用了全球定位系统，用于获取信息和准确定位。英国为了提高精度广泛采用了“差分校正全球卫星定位技术”，该技术定位精度高，我们可根据不同的目的自由选择不同精度的全球定位系统

2 地理信息系统

它是构成农作物精准管理空间信息数据库的有力工具，是精准农业实施的重要支撑系统，田间信息通过地理信息系统予以表达和处理

3 遥感系统

遥感技术是精准农业田间获取信息的关键技术，为精准农业提供农田小区农作物的生长环境、生长状况和空间变异信息

4 作物生产管理专家决策系统

它是模拟作物生长过程、投入产出分析的模型库；是支持作物生产管理的数据资源的数据库；也是作物生产管理知识、经验的集合知识库

图2-2 英国先进的精准农业技术体系

2.1.2.1 美国各级政府的服务角色

美国各级政府围绕市场需求建立了有效的支撑体系，为农业信息化创建发展环境。

（1）政策支持

政府通过提供辅助、税收优惠和政府担保等政策，刺激与引导资本市场运作，推动农业信息化快速发展。在农业信息资源的管理上，美国已经形成了一套从信息资源采集到发布的立法管理体系，并注重监督，依法保证信息的真实性、有效性及知识产权等，维护信息主体的权益，并积极促进农业信息资源的共享。

（2）美国农业信息服务体系

美国在农业数据资源采集及存储方面采取以政府为主体，构建规模和影响力较大的涉农信息数据中心，全面采集、整理、保存了大量的农业数据资源。美国农业信息服务体系主要由4个主体构成，具体如图2-3所示。

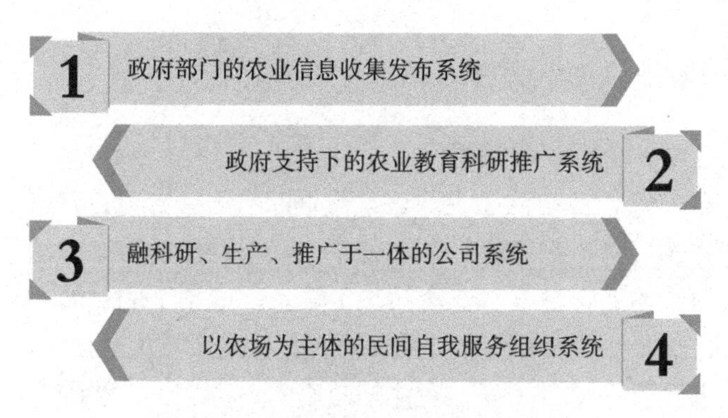

图2-3 美国农业信息服务体系的构成

（3）农业信息化网络基础设施建设及投资模式

在农业信息化的建设上，美国采取了政府投入与资本市场运营相结合的投资模式，从农业信息技术应用、农业信息资源开发利用、农业信息网络建设等方面全方位地推进农业信息化的建设。美国政府十分重视农业信息化网络基础设施建设，从20世纪90年代开始，美国政府每年拨款10多亿美元建设农业信息网络，推广技术和在线应用，农村高速上网日益普及。随着互联网和计算机技术的高速发展，美国利用自动控制技术和网络技术实现了农业数据资源的社会化共享。

2.1.2.2 智能装备技术与农业装备发展成熟

美国现代农业智能装备技术日趋成熟，农业决策支持系统得到广泛应用，有力地促进了农业整体水平的提高。美国农业装备迅速向大型、高速、复式作业、人机和谐与舒适性设计方向发展。美国农民可利用全球定位系统、农田遥感监测系统、农田地理信息系统、农业专家系统、智能化农机具系统、环境监测系统、网络化管理系统和培训系统等，对农业进行精细化的自适应喷水、施肥和洒药。

2.1.3 法国：完善体系提高信息化

法国的农业十分发达，是仅次于美国的世界第二大农产品出口国，农业产量、产值均居欧洲之首。

法国自然气候条件优越，适宜多种农作物生长。由于领土面积有限，法国的农业经营模式主要为中小农场。“精耕细作”的经营模式对农业的现代化程度提出了较高要求，其中，法国“三位一体”的农业信息化体系有其独到之处。

2.1.3.1 法国农业信息数据库

（1）政府主导的农业信息数据库

经过多年的发展，目前法国农业信息数据库已十分完备，其国内的农业信息主要由各级农业部门负责收集、汇总与公布。从类别看，数据库涵盖了各个农业领域，包括种植、渔业、畜牧、农产品加工等。从近年来的发展趋势看，法国农业信息正着力打造一个“大农业”数据体系，包括高新技术研发、商业市场咨询、法律政策保障以及互联网应用等。在法国政府的力推之下，法国农民足不出户便能在网上了解基本农业信息。

（2）民间农业信息付费网站

法国社会上也自发地成立了不少农业专业协会，这些协会的网站会提供付费的、更为详尽与专业的农业资讯。法国农民可以在了解详尽的农业信息后，有针对性地及时调整农场产品的类别与产量，以达到效率最大化。

2.1.3.2 政府、农业合作组织以及私人企业共同承担农业信息化建设

目前，法国的农业信息化体系呈现出“三位一体”的特点，如图 2-4 所示。政府、农业合作组织以及私人企业三方共同承担了农业信息化建设的服务职能，这三方的分工各有侧重，农民可以根据自身实际需要，自行选择其中一方的信息技术支援。

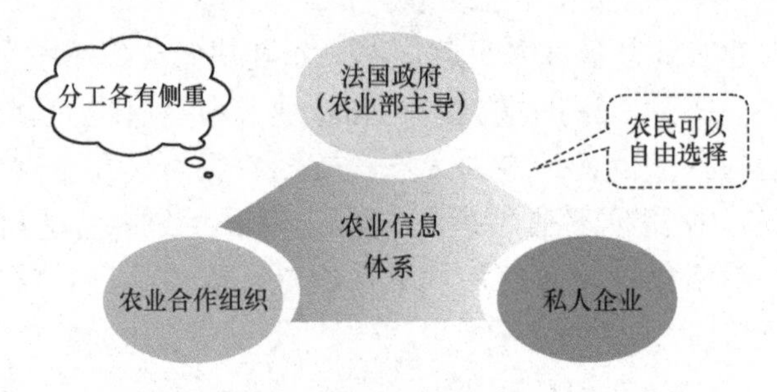

图2-4 法国农业信息化体系的“三位一体”

（1）法国政府

法国政府在公共农业服务中占主导地位，会定期公布农业生产信息，管控农业生产销售环节的秩序，根据国际大宗商品及主要农产品的价格变动为本国农民提供最新的生产建议等。

（2）农业合作组织

法国的农业合作组织形式多样，数目繁多，但各组织均有清晰的自身职能定位。创立于 1946 年的法国农业经营者工会全国联合会是法国最大的农业工会组织，

日常会向农民提供有关法律、农业科技、农场管理等多个领域的信息支持。农业合作组织多数处在与农民交流的“第一线”，在法国农业的发展中起到了不可或缺的作用。因此，为了支持本国农业合作组织的发展，法国政府在税收、管理以及资金等多个领域向农业合作组织给予了较大的支持，以保证这一形式的机构能够更好地服务于农业生产。

（3）私人企业

服务于农业信息化的私人企业注重“定制化”服务，这一服务模式让不少农民免除了生产的后顾之忧，进一步提高了农业生产效率。

2.1.4 德国：高科技 + 数字农业

德国是全球农业现代化强国，是欧盟第二大农产品出口国。德国的农业生产效率非常高，这与其拥有高度发达的农业科技及其扶持数字农业有关。德国农业的科技含量相当高，农业信息技术、生物技术、环保技术等各种技术在德国农业中都已应用。

2.1.4.1 高科技应用

（1）电脑控制农业生产

德国政府十分重视高科技在农业领域的应用。在农业生产中，德国把地理信息系统、全球定位系统、遥感技术等高科技应用到大型农业机械上。农民在电脑的控制下，就可以耕地、播种、施肥、打农药等，进行各种田间作业。大型农机上可安装接收机，接收卫星信号，这些信号经过电脑处理、分析后，可为农民提供土地和粮食作物的情况信息，使其确定播什么种、施多少化肥和打农药的量。电脑系统还可以从农作物生长情况分析病虫的危害，判断农作物不同生长阶段遇到的病虫害，农民可以根据这些数据提前进行处理和预防。

（2）应用物联网技术

德国许多农场里饲养的牛、羊、马身上都会安装电子识别牌，农民在喂饲料、挤奶时，可以通过电子识别牌获得这些动物的饮食状况、产奶量等信息，以便发现问题和采取适当的改进措施等。

2.1.4.2 大数据应用

德国在开发农业技术上投入了大量资金，并由大型企业牵头研发“数字农业”技术。据德国机械和设备制造联合会的统计，德国 2016 年在农业技术方面投入了 54 亿欧元。在 2017 年的汉诺威消费电子、信息及通信博览会上，德国软件供应

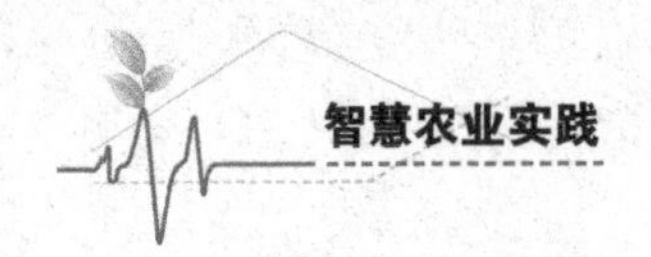

商 SAP 公司推出了“数字农业”解决方案。该方案能在电脑上实时显示多种生产信息，如某块土地上种植了何种作物、作物接受光照强度如何、土壤中水分和肥料分布情况等，农民可据此优化生产，实现增产增收。

现代德国农民的工作离不开电脑和网络的支持。他们每天早上的工作是查看当天天气信息，查询粮食市价和查收电子邮件。现在的大型农业机械都由全球卫星定位系统（GPS）控制，农民只需要切换到 GPS 导航模式，卫星数据便能让农业机械精确作业，误差可以控制在几厘米。

2.1.5 日本：利用互联网技术振兴农业

日本的农户人均耕地面积有限，而随着日本社会老龄化不断加剧，农业人口正在不断减少，农业就业人口平均年龄已经达到 67 岁，日本媒体称之为“老爷爷老奶奶农业”。在这种情况下，利用互联网技术振兴农业、发展智慧农业的呼声越来越高涨。

2.1.5.1 政府十分重视农业信息化体系建设

日本政府重视农业信息化体系建设表现在两个方面，如图 2-5 所示。

重视农村信息化的市场规则及发展政策的制定

日本政府根据农业生产生活的市场运营规则，建立了若干个专门咨询委员会，制定了一系列的制度性规则和运行性规则，约束市场各方的行为规范，并根据实际需要制定发展政策，促进市场的有序运行

重视农业基础设施的建设

日本历届政府都十分重视农村的通信、广播、电视的发展。目前，日本农林水产省正在制订一项名为“21世纪农林水产领域信息化战略”的计划，计划的基本思路是大力建设农村的信息通信基础设施，如铺设光缆等，以建立发达的通信网络

图2-5 日本政府重视农业信息化体系建设的两大表现

2.1.5.2 建立了完善的农业市场信息服务系统

日本的农业市场信息服务主要由两个系统组成。

一是由“农产品中央批发市场管理委员会”建立的市场销售信息服务系统。日本现已实现了国内 82 个农产品中央批发市场和 564 个地区批发市场的销售，海关每天实时联网发布各种农产品的进出口通关量，农产品生产者和销售商可以简单地从网上查询每天、每月、年度的各种农产品的销售量。

二是由“日本农协”自主统计发布的全国 1800 个“综合农业组合”组成的各种农产品的生产数量和价格行情预测系统。

凭借这两个系统提供的精确的市场信息，每一个农户都能掌握国内市场乃至世界市场的畅销农产品、价格、生产数量，并可以根据自己的实际能力确定和调整生产品种及产量，使生产过程明确、有序。

2.1.5.3 完善农业科技生产信息支持体系

日本十分重视信息技术并将其作为载体在农业科技中推广。日本现在已将 29 个国立农业科研机构、381 个地方农业研究机构及 570 个地方农业改良普及中心全部联网。对于 271 种主要农作物的栽培要点，农户都可以从网上查询到详细的信息。其中，570 个地方农业改良普及中心与农协或农户之间可以进行双向的网上咨询。

2.1.5.4 发展网上交易系统

日本正在逐步完善农用物资及农产品销售的网上交易系统。日本于 1997 年制定了《生鲜食品电子交易标准》，建立了生产资料共同定货、发送、结算标准，并正在以电子化改造各地的中央批发市场。

2.1.5.5 日本政府高度重视农业物联网的发展

2004 年，农业物联网被列入日本政府计划。当时日本总务省提供了 U-Japan 计划，其核心是力求实现人与人、物与物、人与物之间的相联，在未来形成一个人或物均可互联、无处不在的网络社会，其中就包括了农业物联网。

日本三大电信运营商 NTT、DoCoMo、KDDI 和软件银行（SoftBank）不约而同地布局物联网（IoT）技术，将其运用至农业领域，并布局海外市场。

日本政府提出，到 2020 年，受益于生产效率和流通效率的提高，农作物出口额有望增长至 1 万亿日元，同时农业物联网将达到 580 亿～ 600 亿日元的规模，农业云端计算技术的运用占农业市场的 75%。此外，日本政府还计划在 10 年内以农业物联网为信息主体源，普及农用机器人，预计到 2020 年，其农用机器人的市场规模将达到 50 亿日元。

2.1.6 荷兰：精细化农业

荷兰农业的科技含量在世界领先，其不仅有发达的设施农业、精细农业，还有高附加值的温室作物和园艺作物，拥有完整的创意农业生产体系。

荷兰的精细化农业的表现如图 2-6 所示。

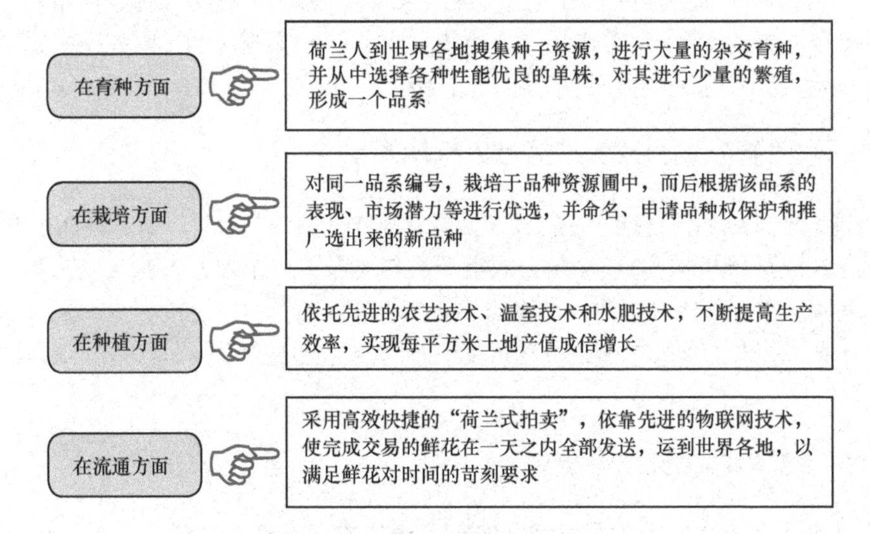

图2-6 荷兰的精细化农业表现

基于以上对各国智慧农业的发展分析，我们可知智慧农业是现代农业的必然发展趋势。

2.2 我国发展智慧农业的必要性

2.2.1 制约我国农业发展的因素

目前，我国在加快推进农业新兴产业的发展，但实现农业现代化的过程还存在不少制约因素，主要表现在 5 个方面，如图 2-7 所示。

1 农业本身是“露天工厂”，农业生产过程中对自然环境和生长因子的控制水平不高，农业生产风险的不确定性和动物疫情的突发性难以掌控，农业生产成本持续提高，农产品价格不确定，农民收益不稳定

2 产业化发展水平还不适应现代市场经济的要求，以高新技术应用为主的农业高效规模化水平不高；农业组织化还处于初级阶段；农业总体上的生产与消费脱节、经营与市场分离、土地利用分散、农民与市民分隔等状况还未有根本改变，农业生产还未形成产前、产中、产后全过程的紧密连接，以及生产、流通、消费相互衔接的现代农业产业体系

3 农业信息化水平不高，信息技术在农业生产、流通、管理、监控等各个环节的应用不够广泛，缺少典型示范。智慧农业在现代农业中的显示度不高，严重影响了农业资源的利用率和生产效率的提高

4 农业生态环境问题越来越突出，农村源污染治理压力较大，传统农业生产方式和管理模式已难以为农产品的质量与安全提供可靠保障

5 农业的功能单一，其生产功能、文化功能、生态功能、休闲功能等综合功能未协调发展起来。农业服务产业化水平不高，农业外延功能潜力还有待大力挖掘和开发利用，还需大力提高农业的品牌效应、区域特色和综合竞争力

图2–7 我国现代农业发展的制约因素

2.2.2 推广智慧农业的益处

农业信息技术和智慧农业的应用将为解决以上问题提供有效手段。我国农业资源十分匮乏，劳动力资源十分紧缺，加强智慧农业应用对于突破我国农业产业发展瓶颈，改变粗放的农业经营管理方式，提高动植物生产管理科学化水平、农业资源利用效率、疫情疫病防控能力，确保农产品质量安全，引领现代农业发展，实现我国“两个率先”的战略目标，具有十分重大的意义。

2.2.2.1 智慧农业推动农业产业链改造升级

（1）生产领域由人工走向智能

生产领域由人工走向智能体现在农业生产的各个环节，具体如图 2–8 所示。

（2）经营领域个性化与差异性营销突出

物联网、云计算等技术的应用，打破了农业市场的时空地理限制，农资采购和农产品流通等数据得到实时监测和传递，有效地解决了信息不对称的问题。

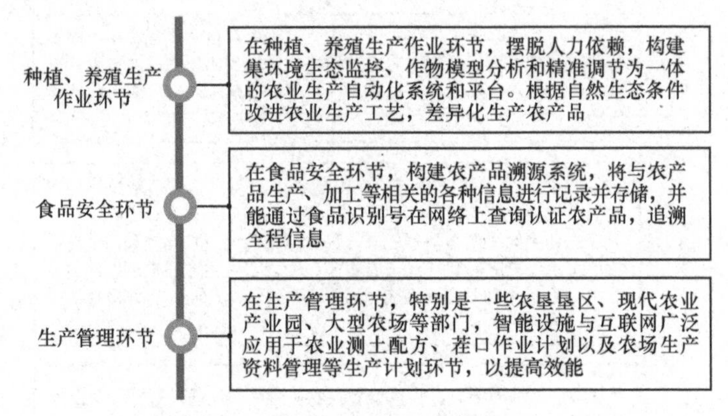

图2-8　生产领域由人工走向智能

目前，一些有地区特色品牌的农产品开始在主流电商平台开辟专区，以拓展其销售渠道。有实力的龙头企业通过自营基地、自建网站、自主配送的方式打造一体化农产品经营体系，从而促进了农产品市场化营销和品牌化运营，这预示着农业经营将向订单化、流程化、网络化转变，个性化与差异性的定制农业营销方式将广泛兴起。定制农业是指根据市场和消费者特定需求而专门为其生产农产品的方式，这种方式满足了消费者的特定需求。

此外，近年来各地兴起了农业休闲旅游、农家乐热潮，旨在通过网站、线上宣传等渠道推广、销售休闲旅游产品，并为用户提供个性化旅游服务，这些成为农民增收的新途径和农村经济的新业态。

（3）农业管理和服务模式发生变革

政府部门依靠“农业云”的数据和分析服务进行科学决策，改变盲目性较强的行政管理方式。农业生产者可以从“农业云”上随时随地获取所需的数据分析结果和专家指导意见，驱动农业管理和服务模式进入“云时代”。

国内某些地区已经试点应用了基于北斗的农机调度服务系统。一些地区通过室外大屏幕、手机终端等灵活便捷的信息传播形式向农户提供气象、灾害预警和公共社会信息服务，有效地解决了信息服务“最后一公里”的问题。面向“三农”的信息服务为农业经营者传播了先进的农业科学技术知识、生产管理信息以及提供了农业科技咨询服务，引导企业、农业专业合作社和农户经营好自己的农业生产系统与营销活动，提高农业生产管理决策水平，增强市场抗风险能力，从而节本增效，提高收益。同时，云计算、大数据等技术也推动了农业管理的数字化和现代化发展，促进农业管理高效和透明，提高农业部门的行政效能。

2.2.2.2 实现精细化，确保资源节约、产品安全

地方政府借助科技手段对不同的农业生产对象实施精确化操作，在满足作物生长需要的同时，既可节约资源又可避免污染环境。地方政府还将农业生产环境、生产过程及生产产品标准化，以此保障产品安全。

生产环境标准化是指智能化设备实时动态监控土壤、大气环境、水环境状况，使之符合农业生产环境标准。生产过程标准化是指生产的各个环节按照一定技术经济标准和规范要求通过智能化设备进行生产，以此保障农产品的品质统一。生产产品标准化是指智能化设备实时精准地检测农产品品质，保障最终农产品符合相应的质量标准。

① 生产管理环节实现了精准灌溉、施肥、施药等，不仅减少了投入而且绿色健康。

② 运输环节确保温湿度等储藏环境因子平衡。

③ 销售环节通过电子码给进入市场的每一批次的产品赋予“身份证”，消费者可以随时随地追溯农产品的生产过程，实现了农产品从田间到餐桌全生命链条的质量安全监管。

④ 在农产品流通领域，应用集成电子标签、条码、传感器网络、移动通信网络和计算机网络于一体的农产品和食品追溯系统，可实现农产品和食品质量跟踪、溯源和可视数字化管理，实现对农产品从田间到餐桌、从生产到销售全过程的智能监控，还可实现农产品和食品的数字化物流。

2.2.2.3 实现高效化，提高农业生产效率，提升农业竞争力

（1）提高农业生产效率

农业生产者通过智能设施合理安排用工用地，减少劳动和土地使用成本，促进农业生产组织化，提高劳动生产效率。智能机械代替人的农业劳作，不仅解决了农业劳动力日益紧缺的问题，而且实现了农业生产高度规模化、集约化、工厂化，提高了农业生产对自然环境风险的应对能力，使弱势的传统农业成为具有高效率的现代产业。

云计算、农业大数据技术让农业经营者便捷灵活地掌握天气变化、市场供需以及农作物生长等数据，农业经营者能准确判断农作物是否该施肥、浇水或打药，避免了因自然因素造成的产量下降，提高了农业生产对自然环境风险的应对能力。另外，信息技术是农业其他科技运用的重要支撑，如利用信息系统能够更有效地开展新品种选育、基因图谱的解析等。

（2）提升农业竞争力

互联网与农业的深度融合，使得农产品电商平台、土地流转平台、农业大数据平台、农业物联网平台等农业市场创新商业模式持续涌现，大大降低了信息搜索、经营管理的成本。

引导和支持专业大户、家庭农场、农民专业合作社、企业等新型农业经营主体发展壮大和联合；促进农产品生产、流通、加工、储运、销售、服务等农业相关产业紧密连接；农业土地、劳动、资本、技术等要素资源得到有效组织和配置，使产业、要素聚集从量的集合到质的激变，从而再造整个农业产业链，实现农业与二、三产业交叉渗透、融合发展，提升农业竞争力。

2.2.2.4 改善农业生态环境，推动农业可持续发展

推动农业可持续发展，必须确立发展绿色农业，加快形成资源利用高效、生态系统稳定、产地环境良好、产品质量安全的农业发展新格局。

（1）有效改善农业生态环境

智慧农业是一种集保护生态、发展生产为一体的农业生产模式。智慧农业通过农业精细化生产、测土配方施肥、农药精准科学施用、农业节水灌溉来推动农业废弃物利用，保障农业生产的生态环境。这样，就可以达到合理利用农业资源，减少污染，改善生态环境，既保护了青山绿水，又实现了农产品绿色、安全、优质。

（2）推动农业可持续发展

智慧农业借助互联网及二维码等技术，建立全程可追溯、互联共享的农产品质量和食品安全信息平台，健全农产品从农田到餐桌的质量安全过程监管体系，保障人民群众“舌尖上的绿色与安全”。

智慧农业利用卫星搭载高精度感知设备，构建农业生态环境监测网络，精准获取土壤、墒情、水文等农业资源信息，匹配农业资源调度专家系统，实现农业环境综合治理、全国水土保持规划、农业生态保护和修复，加快形成资源利用高效、生态系统稳定、产地环境良好、产品质量安全的农业发展新格局。

2.2.2.5 转变农业生产者、消费者观念和组织体系结构

完善的农业科技和电子商务网络服务体系使农业相关人员足不出户就能远程学习农业知识，获取各种科技和农产品供求信息。专家系统和信息化终端成为农业生产者的大脑，指导农业生产者进行农业生产经营，改变了传统单纯依靠经验进行农业生产经营的模式，也彻底转变了农业生产者和消费者对传统农

业的认识。

另外，在智慧农业阶段，农业生产经营规模越来越大，生产效益越来越高，迫使小农生产被市场淘汰，这也必将催生出以大规模农业协会为主体的农业组织体系。

2.3 我国智慧农业发展的现状

2.3.1 政策方面

我国政府部门高度重视现代农业的发展，先后出台了多个政策文件，全力支持我国智慧农业的发展。目前，农业部已确定200多个国家级现代农业示范区，将重点开展4G/5G、物联网、传感网、机器人等现代信息技术在该区域的先行先试，从而推进资源管理、农情监测预警、农机调度及无人机监测等信息化的试验示范工作，完善运营机制与模式。

2.3.2 技术方面

随着物联网技术的不断发展，越来越多的技术被应用到农业生产中，使智慧农业的发展成为可能。

2.3.2.1 物联网技术对智慧农业的影响

农业物联网技术是将信息采集、传输、控制等设备彼此相连形成监控网络，通过采集分析数据实现自动化、智能化、远程控制农业生产环境的土壤、水肥、空气温湿度等信息的网络技术。随着物联网技术在传统农业中的应用，农业生产逐渐向精准控制、远程监管的“智慧”化方向发展。

2.3.2.2 云计算对智慧农业的影响

物联网借助云计算技术可以更好地提升数据的存储及处理能力，从而使自身的技术得到进一步的完善。而如果失去云计算的支持，物联网的工作性能无疑会大打折扣。物联网对云计算技术有很强的依赖性，有了云计算技术的支持，物联网被赋予了更强的工作能力。物联网在我国的使用率呈现逐年递增的趋势，而其所涉及的领域也越来越广泛。随着云计算技术的日益成熟，它将会对物联网产生积极的影响。

2.3.2.3　大数据对智慧农业的影响

随着我国智慧农业的发展，农业大数据也逐渐进入人们的视野。大数据对农业的影响巨大，以贵州农业为例，大数据能使贵州农业建设节省 60% 的投入，同时增加 80% 的产出。农业大数据最早应用的例子是美国政府数据开放门户网站 Data.gov，该网站的内容包括植物基因组学和当地天气情况的详尽数据，特定土壤条件下最好的作物研究、降水量的变化、害虫和疾病的迹象以及当地市场作物的期望价格等数据。这些数据如果免费开放给农民、企业和科研机构，将会产生非常巨大的价值。

2.3.3　应用方面

智慧农业建设的脚步日益加快，先进的农业应用系统被广泛推广，越来越多的农民接受了这种农业生产方式。目前，智慧农业利用 FRID、无线数据通信等技术采集农业生产信息，以帮助农民及时发现问题，并且准确地确定发生问题的位置，使农业生产自动化、智能化，并可远程控制。

2.3.3.1　智慧农业应用系统的应用会更加广泛

在我国未来的农业生产中，智慧农业系统的应用将更加广泛，农民看到运用先进技术带来的收益后，会主动选择适合自己农业生产的智能化系统，监控农业生产环境，以提高农产品的产量。

2.3.3.2　数据处理系统将更加精准化、智能化

随着云计算技术的不断成熟，农业数据将更加精准、安全、智能。农业数据处理系统会主动分析适宜本地种植的品种及各种品种的优劣势，以供农民选择。应用数据处理系统后，农民的收益大大增加，因此农民更加愿意采用智慧农业生产方式。

2.3.3.3 智慧生产被广泛应用

物联网技术贯穿生产、加工、流通、消费的各个环节，实现了全过程的严格控制，保证向社会提供优质的放心食品，用户可以迅速了解食品的生产环境和过程，增强其对食品安全的信任度。基于食品安全的考虑，更多的人会选择可追溯的农产品，而这从另一个方向推动着智慧农业的发展。

2.4 我国智慧农业的发展趋势

美国、日本等发达国家的农业实践表明，智慧农业是农业发展进程中的必然趋势。

国外在温室生产中，采用物联网相关技术调控温度湿度、营养液供给以及PH值（氢离子浓度指数）、EC值（可溶性盐浓度）等，使设施蔬菜栽培条件达到最适宜的水平。荷兰设施蔬菜平均年产量能达到每亩50000kg，而我国设施蔬菜的产量仅为它们的1/4 ~ 1/3。在人力方面，国内设施蔬菜生产仍以人力为主，劳动强度大，温室年平均用时达每亩3600小时以上。人均管理面积仅相当于日本的1/5、西欧的1/50和美国的1/300，差距显而易见。

我国是一个传统农业大国，农业是我国国民经济的基础，因此农业是我国发展的重点领域。随着社会的发展，我国农业面临以下几个问题：第一，人多地少，除了工业用地、城市建设用地、交通用地，未来还要考虑环保和绿色用地，农业用地会越来越少；第二，我国农作物的单产并不高，比如粮食虽然有很多品种，但因为劳动效率太低，全年产量有限；第三，我国人口体量大，粮食不能出现任何安全问题。另外，我国西部地区地广人稀，有较好的规模经营基础，但我国又是耕地严重不足的国家，同时西部地区现阶段水资源开发利用不合理，灌溉等管理方式比较落后，造成土壤复原能力差、草场退化、土地次生等问题比较严重。

智慧农业可以使土地得到科学利用，作物得到合理种植，从而节省时间和资源，提高工作效率，减少不必要的人力、财力，最大限度地降低成本。比如，智慧农业通过对庄稼肥力、水分的检测，可以科学合理地指导施肥和浇水。据统计，使用现代农业技术的农户可以节省30%的浇灌用水，这样不仅能大大降低各种资

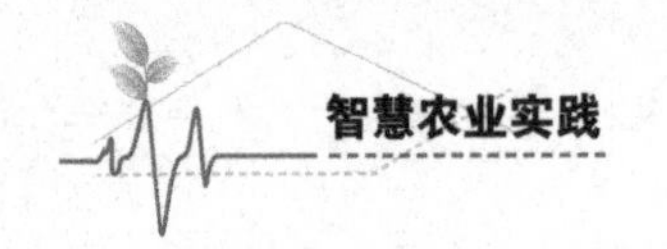

源和成本，而且还能大大提高作物的产量。

智慧农业是现代农业发展的高级阶段，国家高度重视农业现代化建设。所以说，智慧农业是我国未来农业发展的大趋势。

2.5　促进智慧农业大发展的思路

我国智慧农业呈现良好的发展势头，但整体上还属于现代农业发展的概念导入期和产业链逐步形成阶段。我国智慧农业在关键技术环节和制度机制建设层面面临支撑不足的问题，缺乏统一、明确的顶层规划，资源共享困难，重复建设现象突出，这些问题限制了我国智慧农业的发展。发展智慧农业需要做好以下三方面工作。

2.5.1　培育发展智慧农业的共识

社会各界，特别是各级政府、科研院所、农业从业人员要认真学习、深刻领会近年来国家与各省市出台的与智慧农业发展有关的政策、法规、条例，认识到目前我国农业发展正处于由传统农业向现代农业转变的拐点上，智慧农业将改变数千年的农业生产方式，是现代农业发展的必经阶段。因此，社会各界一定要达成大力发展智慧农业的共识，牢牢抓住新一轮科技革命和产业变革给农业转型升级带来的强劲驱动力和“互联网 + 现代农业”战略机遇，加快农业技术创新，深入推动互联网与农业生产、经营、管理和服务的融合。

2.5.2　政府支持，重点突破

智慧农业具有一次性投入大、受益面广和公益性强等特点，需要政府大力支持和引导。另外，地方政府要重视相关法规和政策的制定和实施，为农业资金投入和技术知识产权保驾护航，维护智慧农业参与主体的权益。

智慧农业发展需要依托的关键技术（物联网、云计算、大数据）还存在可靠性差、成本居高不下、适应性不强等难题，需要地方政府加强研发，攻关克难。

同时，智慧农业发展要求农业生产具有规模化和集约化，地方政府必须在坚持家庭承包经营的基础上，积极推进土地经营权流转，因地制宜发展多种形式的规模经营。

2.5.3 加强规划引领和资源聚合

智慧农业的发展必然要经过一个培育、发展和成熟的过程，因此，政府主管部门需要科学谋划，制定出符合中国国情的智慧农业发展规划及地方配套推进办法，为智慧农业的发展描绘总体发展框架，制订目标和路线图，从而打破我国智慧农业现有局面，将农业生产单位、物联网和系统集成企业、运营商和科研院所相关人才、知识科技等优势资源互通，形成高流动性的资源池，形成区域智慧农业乃至全国智慧农业一盘棋的发展局面。

2.5.3.1 智慧农业技术创新建议

地方政府要进一步加大力度支持智慧农业学科体系的建设，制订农业信息化科研计划，立足于自主可控的原则，加强农业物联网、云计算、移动互联、精准作业装备、机器人、决策模型等核心技术的研发；加快农业适用的信息技术、产品和装备的研发及示范推广，加强农业科技创新队伍的培养；支持鼓励科研院所及涉农企业加快研发功能简单、操作容易、价格低廉、稳定性高、维护方便的智慧农业技术产品及设备；还要积极支持智慧农业技术的应用，实现农业科研手段和方法的智能化。

2.5.3.2 建立重大工程专项

各级财政部门每年调拨一定的资金，建立重大工程专项。该资金作为农业信息化发展的引导资金，重点用于示范性项目建设。地方政府使用引导资金时要选择信息化水平较好、专业化水平较高、产业特色突出的大型农业企业、农业科技园区、国有农场、基层供销社、农民专业合作社等，重点开展物联网、云计算、移动互联等现代信息技术在农业中的示范建设，以点带面促进中国农业信息化跨越式发展。

2.5.3.3 实施智慧农业补贴

目前我国已进入“工业反哺农业，城市支持农村”的阶段，农机、良种、家电等补贴政策的实施对刺激农村经济发展、促进农民增收的效果显著，实施智慧农业补贴必将促进农业加速向智慧化方向发展。

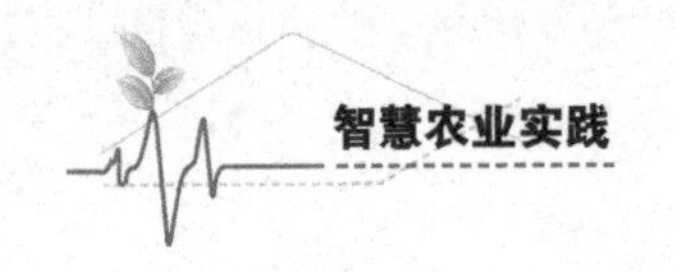

2.5.3.4 加强完善农业智慧化标准和评价体系

农业智慧化标准是农业智慧化建设有序发展的根本保障，也是整合智慧农业资源的基础，我们要加快研究制定农业智慧化建设的相关标准体系，建立健全相关工作制度，推动智慧农业建设的规范化和制度化。农业智慧化测评工作是全国及地方开展智慧农业工作的风向标，是检查、检验和推进农业智慧化工作进展的重要手段，我们要加快推进农业智慧化测评工作，建立和完善测评标准、办法和工作体系，引领农业智慧化健康、快速、有序地发展。

安徽省发展“智慧农业”的成效

安徽省坚持创新、协调、绿色、开放、共享的发展理念，在发展“智慧农业”方面取得了一定成效。

第一，农业物联网试验示范取得积极进展。

2012 年，安徽开始实施农业物联网工程，2013 年其被农业部确定为全国农业物联网区域工程试验区。几年来，安徽省以大田生产为重点，以“互联网＋现代农业”为驱动，推动新型农业经营主体应用农业物联网技术，提升农业生产、经营、管理和服务水平。目前安徽省已建设省级农业物联网示范县 29 个，建设示范点 103 个，开展农业物联网建设的新型农业经营主体达到 423 家，覆盖种植业、畜牧业、渔业、农机及加工等领域。

第二，农业电子商务发展迅猛。

2014 年下半年，安徽在全国农业系统率先启动实施农产品电子商务“1112”示范行动，农产品电子商务发展迅猛。据监测，安徽省开展农产品电子商务营销的新型农业经营主体有 974 家，2015 年全年实现交易额达到 176 亿元。期间，涌现出了以芜湖三只松鼠、合肥饕餮、黄山谢裕大、六安三个农民、亳州阿里巴巴特色馆等为代表的一批特色农产品电商企业。

第三，建设安徽农业大数据中心。

安徽省利用现有涉农数据资源，建设安徽农业大数据中心，推进实现数据自动化采集、网络化传输、标准化处理和可视化运用，实现农业资源要素的数据共享，为各级政府、企业、农户提供农业资源数据查询服务。

第二篇

路 径 篇

第3章　智慧农业的顶层设计与政策

第4章　智慧农业之农业物联网

第5章　助推智慧农业的大数据

第6章　智慧农业之农产品电商

第7章　发展智慧农业的难点与对策

第3章

智慧农业的顶层设计与政策

智慧农业具有广阔的发展前景，但是，我国智慧农业发展仍存在水平较低、各地区发展不均衡等问题，这些问题与人们对智慧农业的认识存在偏误有很大关系，因为人们不能达成统一的思想认识，无法合力工作。对此，国家要予以高度重视，做好顶层制度设计工作。各省市要大力提高智慧农业的发展水平，转变传统工作思路，树立正确的智慧农业发展观念，以实现理念一致、功能协调、结构统一、资源共享的目标。

另外，领导层要高度重视智慧农业发展的路径优化，在人、财、物等方面给予大力支持和保障，带动全社会共同参与智慧农业建设，发挥每个人的聪明才智，齐心协力促进智慧农业的快速发展的目标。

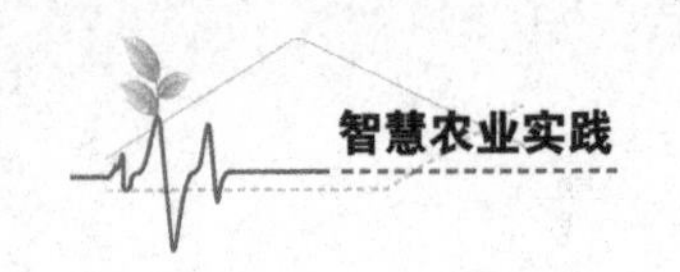

3.1 国家支持智慧农业发展

3.1.1 “互联网 + 农业”的政策支持

2015 年 3 月 5 日，李克强总理在第十二届全国人民代表大会第三次会议中，提出了制定“互联网 +”的行动计划。“互联网 +”的提法是一个前所未有的高度，这意味着“互联网 +”正式被纳入顶层设计，成为国家经济社会发展的重要战略。

3.1.2 关于农业农村信息化的政策

3.1.2.1 《中华人民共和国国民经济和社会发展第十三个五年规划纲要》

《中华人民共和国国民经济和社会发展第十三个五年规划纲要》明确提出要加强农业与信息技术融合。

2016 年 10 月，国务院印发《全国农业现代化规划（2016—2020 年）》（以下简称《规划》），对“十三五”期间全国农业现代化的基本目标、主要任务、政策措施等作出全面部署安排。《规划》中特别提到了“智慧农业引领工程”。

2016 年 12 月，国务院印发《“十三五”国家信息化规划》，对全面推进农业农村信息化作出总体部署，《“十三五”国家信息化规划》对推进农业信息化做出了明确的规划。

3.1.2.2 《“十三五”全国农业农村信息化发展规划》

“十三五”时期，大力发展农业农村信息化，是加快推进农业现代化、全面建成小康社会的迫切需要。《“十三五”全国农业农村信息化发展规划》对全面推进农业农村信息化给出了总体部署方案。

（1）发展目标

到 2020 年，“互联网 + 现代农业”建设取得明显成效，农业农村信息化水平明显提高，信息技术与农业生产、经营、管理、服务全面深度融合，信息化成为创新驱动农业现代化发展的先导力量，具体目标如图 3-1 所示，“十三五”农业农村信息化发展主要指标见表 3-1。

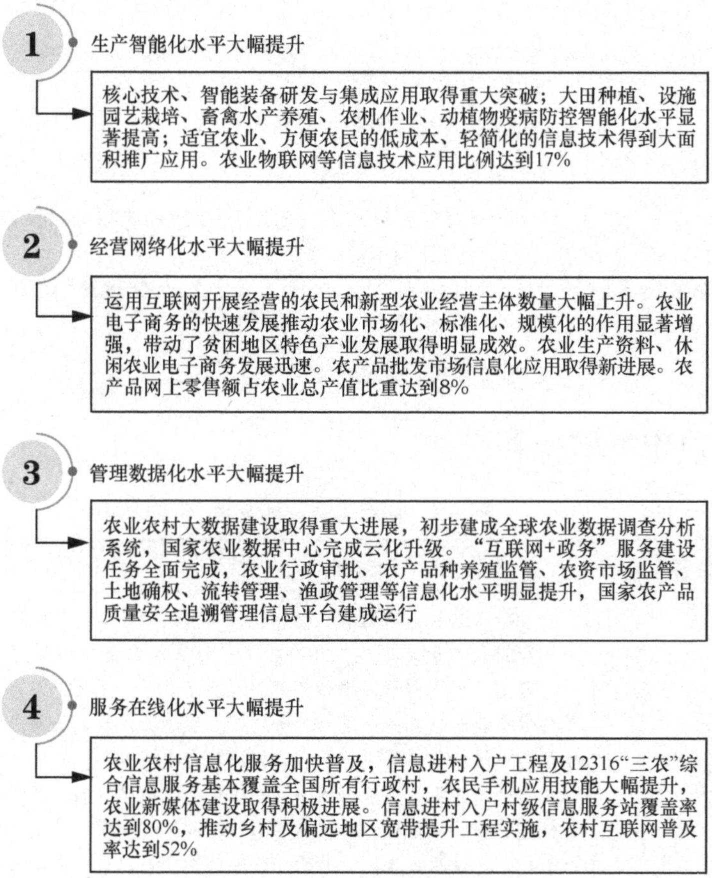

1 生产智能化水平大幅提升

核心技术、智能装备研发与集成应用取得重大突破；大田种植、设施园艺栽培、畜禽水产养殖、农机作业、动植物疫病防控智能化水平显著提高；适宜农业、方便农民的低成本、轻简化的信息技术得到大面积推广应用。农业物联网等信息技术应用比例达到17%

2 经营网络化水平大幅提升

运用互联网开展经营的农民和新型农业经营主体数量大幅上升。农业电子商务的快速发展推动农业市场化、标准化、规模化的作用显著增强，带动了贫困地区特色产业发展取得明显成效。农业生产资料、休闲农业电子商务发展迅速。农产品批发市场信息化应用取得新进展。农产品网上零售额占农业总产值比重达到8%

3 管理数据化水平大幅提升

农业农村大数据建设取得重大进展，初步建成全球农业数据调查分析系统，国家农业数据中心完成云化升级。“互联网+政务”服务建设任务全面完成，农业行政审批、农产品种养殖监管、农资市场监管、土地确权、流转管理、渔政管理等信息化水平明显提升，国家农产品质量安全追溯管理信息平台建成运行

4 服务在线化水平大幅提升

农业农村信息化服务加快普及，信息进村入户工程及12316“三农”综合信息服务基本覆盖全国所有行政村，农民手机应用技能大幅提升，农业新媒体建设取得积极进展。信息进村入户村级信息服务站覆盖率达到80%，推动乡村及偏远地区宽带提升工程实施，农村互联网普及率达到52%

图3-1 农业农村信息化的发展目标

表3-1 “十三五”农业农村信息化发展主要指标

指标	2015年	2020年	年均增速	属性
农业物联网等信息技术应用比例	10.20%	17%	10.8%	预期性
农产品网上零售额占农业总产值比重	1.47%	8%	40.3%	预期性
信息进村入户村级信息服务站覆盖率	1.35%	80%	126.2%	预期性
农村互联网普及率	32.30%	>51.6%	>9.8%	预期性

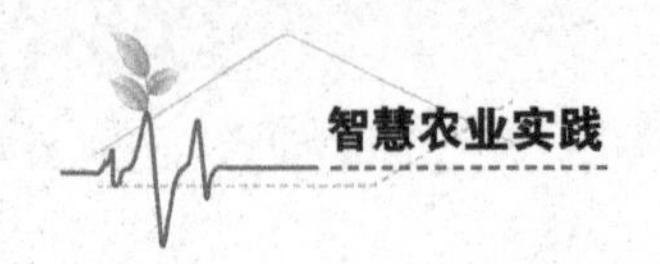

（2）重点工程

围绕智慧农业建设，加快实施“互联网＋现代农业”行动，主要实施以下重点工程，如图 3-2 所示。

图3-2　农业信息化发展的重点工程

重点工程及其说明见表 3-2。

表3-2　重点工程及其说明

序号	重点工程	说明
1	农业装备智能化工程	研发和推广适合中国国情的传感器、采集器、控制器，推动传统设施装备的智能化改造，提高大田种植、品种区域试验与种子生产、设施农业、畜禽、水产养殖设施和装备的智能化水平。深耕深松、播种、施肥施药等作业机具配备传感器、采集器、控制器；联合收割机配备工况传感器、流量传感器和定位系统；大型拖拉机等牵引机具配备自动驾驶系统；水肥一体机、湿帘、风机、卷帘机、遮阳网、加热装置等配备自动化控制装备；设施化畜禽养殖的通风、除湿、饲喂、捡蛋、挤奶等装备配备识别、计量、统计、分析及智能控制装备；水产养殖增氧机、爆气装置、液氧发生器、投饵机、循环水处理装备、水泵、网箱设备等配备自动化控制装置
2	农业物联网区域试验工程	选择基础较好、行业和区域带动性强、物联网需求迫切的地区，以企业为主体，鼓励产学研联合，以“全要素、全过程、全系统”理论为指导，中试一批农业物联网智能装备和解决方案，推广一批节本增效的农业物联网应用模式，提高农业产出率、劳动生产率、资源利用率。开展农业物联网技术集成应用示范工作，构建理论体系、技术体系、应用体系和标准体系。“十三五”期间，选取农产品主产区、垦区、国家现代农业示范区等大型基地，建成10个试验示范省、100个农业物联网试验示范区和1000个试验示范基地

（续表）

序号	重点工程	说明
3	农业电子商务示范工程	以省为单位，以企业为主体，重点开展鲜活农产品社区直配、放心农业生产原料下乡、休闲农业产品上网营销等电子商务试点，加强分级包装、加工仓储、冷链物流、社区配送等设施设备建设，建立健全质量标准、统计监测、检验检测、诚信征信等体系，完善市场信息、品牌营销、技术支撑等配套服务，形成可复制、可推广的农业电子商务模式。在农业农村信息化示范基地认定中强化农业电子商务示范。开展电子商务技能培训，在农村开展领军人、新型职业农民培训等重大培训工程，并与电商企业共同推进建立农村电商大学等公益性培训机构，组织广大农民和新型农业经营主体等开展平台应用、网上经营策略等培训。开展农产品电商对接行动，组织新型农业经营主体、农产品经销商、国有农场和农业企业对接电子商务平台和电子商务信息公共服务平台，推动农业经营主体开展电子商务，促进“三品一标”“一村一品”“名特优新”等农产品的网上销售
4	全球农业数据调查分析系统建设工程	加快建设全球主要农业国的农业数据采集、分析和发布系统，实现对40个重点国家重点品种数据信息的监测、挖掘和利用，加强海外农业数据中心的建设，推动国家农业数据中心云化升级。充分利用现代信息和网络技术，多渠道开展全球农业遥感、气象、统计、贸易等数据采集，实现监测渠道共建、数据集中共享，稳步建设全球农业资源基础数据库、同城数据级灾备中心和应用级灾备中心，初步建成全球农业调查分析基础支撑平台。加强全球农业数据分析研究应用，完善农业数据分析预警指标体系，研发全球农业数据分析预警模型系统。改造提升中国农业信息网，以品种为主线，打造为农业生产和市场服务的国家农业信息集中发布平台。完善农业对外合作公共信息服务平台，定期发布重点国家、重点产业、重点品种的信息产品，并提供信息服务，推动“一带一路”倡议和农业“走出去”战略的实施
5	农业政务信息化深化工程	加强农业部门政务信息系统互联互通和农业数据共享开放平台建设，加快推进农产品优势区的生产监测、农业生产调度、农机作业调度、农机安全监理、重大农作物病虫害和植物疫情防控、农药监管、种子监管、种子资源监测、耕地质量调查监测、动物疫病监测预警、防疫检疫、兽药监管、远程诊疗、渔政执法监管和资源监测、渔政指挥调度、农产品市场价格监管、农产品质量安全监管、农资打假执法监管、农产品加工业运行监测、农业面源污染监管、农村集体“三资”监督管理、农村土地确权登记、农村产权流转交易管理、农民承担劳务及费用监管、新型农业经营主体发展动态监测、新型农业经营主体生产经营直报、农业信用体系建设、网上审批等业务系统的建设和共享。加快推进农业行政审批信息等资源的共享。建设农业门户网站群和网站智能监测与绩效管理系统、农业网络音视频资源管理系统、新媒体移动门户。建设农业应急管理综合指挥大厅，升级完善全国农业视频会议系统。构建全国统一的农业执法信息平台。构建统一的农业电子政务综合运维管理平台。加强网络安全防护能力的建设，完善网络安全设备、防护系统与防护策略，开展信息系统等级保护定级、备案、测评、整改工作

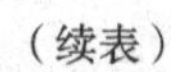
（续表）

序号	重点工程	说明
6	信息进村入户工程	通过竞争性申报，每年选择10个左右的省推进信息进村入户，到2020年建成益农信息社48万个以上，服务基本覆盖全国所有县、国有农场和行政村。建设益农信息社，配备12316电话、显示屏、信息服务终端等设备，选聘村级信息员，接入宽带网络，提供免费无线上网环境，实现有场所、有人员、有设备、有宽带、有网页、有持续运营能力的目标。建设信息进村入户全国平台，开放平台功能，完善农产品生产信息服务、农业生产资料信息服务、消费信息服务、市场信息服务、“三农”政策服务、农村生活服务等系统和手机App，推进服务手段向移动终端延伸，服务方式向精准投放转变。统筹整合农业公益服务和农村社会化服务资源，推动信息进村入户与基层农技推广体系、基层农村经营管理体系与12316农业信息服务体系融合，就近为农民和新型农业经营主体提供公益服务、便民服务、电子商务和培训体验服务。以智能手机和信息化基础理论、示范应用、典型案例为主要内容，开展农民手机应用技能培训，组织技能竞赛，提高农民利用智能终端学习、生产、经营、购物的知识水平和操作技能
7	农业信息化科技创新能力提升工程	联合相关部委，增建农业信息化学科，加大力度建设和完善农业部农业信息技术学科群，稳定支持已有学科群的建设布局，新增农业物联网、大数据、电子商务、信息化标准、农业信息软硬件产品质量检测、农业光谱检测、农作物系统分析与决策、农产品信息溯源、牧业信息、渔业信息等10个专业性重点实验室，在西北、东北、黄淮海、华南、西南、热作等地区新增6个区域性重点实验室，加强野外实验站的建设。各省加强省级农业信息化重点实验室、工程中心、试验台站的建设，不断加强学科体系建设和科技创新环境建设。在现代农业产业技术体系中加强农业信息化工作。与相关部委联合，在“十三五”国家重点研发计划中增列一批农业信息化科技攻关项目，鼓励各省农业部门和科技部门，加大农业信息化项目研发，突出加强农业传感器、动植物生长优化调控模型、智能作业装备、农业机器人等关键技术和系统集成研究，突破一批农业信息化共性关键核心技术，形成一批重大科技成果，制订一批技术标准规范。积极利用两院院士增选、千人计划、万人计划、长江学者、杰出青年等国家人才计划和省部级人才计划，加大农业信息化领军人才和创新团队培育力度，不断提升农业信息化创新能力和产业支撑能力
8	农业信息经济示范区建设工程	依托国家现代农业示范区，采用政府引导、市场主体的方式，将线上农业和线下农业结合、实体经济和虚拟经济结合，建立一批示范效应强、带动效益好，具有可持续发展能力的农业信息经济示范区。全面推进农业物联网、农业电子商务、农业农村大数据、信息进村入户和12316公益服务等信息技术和系统的综合应用与集成示范。完善互联网基础设施，搭建信息服务平台，强化互联网运营和支撑体系，着力实施产业提升工程，努力探索信息经济示范区建设的制度、机制和模式。推进互联网特色村镇的建设，构建区域综合信息服务体系，推动农林牧渔结合、种养一体、一二三产业融合发展，推进线下农业的互联网改造

3.1.3 农业部开展2017年数字农业建设试点项目

为提高农业信息化水平，探索建设模式，农业部于2017年1月22日发布了《农业部办公厅关于做好2017年数字农业建设试点项目前期工作的通知》，决定从2017年起组织开展数字农业建设试点项目。

农业部在项目前期工作通知中指出，2017年，农业部重点开展大田种植、设施园艺、畜禽养殖、水产养殖4类数字农业建设试点项目，见表3-3。

表3-3 数字农业试点项目说明

序号	数字农业试点项目	建设内容
1	大田种植数字农业建设试点	① 建设北斗精准时空服务基础设施。配置和升级改造动力机械、收获机械，实现高精度自动作业、精准导航与实时信息采集。 ② 建设农业生产过程管理系统。配置基于遥感信息、无人机观测、地面传感网等多源信息的耕整地、水肥一体化、精量播种、养分管理、病虫害防控、农情调度监测、精准收获等系统，加强物联网设施的设备建设。 ③ 建设精细管理及公共服务系统。配置农机远程监测装置，建立农机协同作业服务系统、农业生产管理系统，建立车载天空地一体化农情监测与决策平台，开发试点成果展示系统和技术管理平台
2	设施园艺数字农业建设试点	① 建设温室大棚环境监测控制系统。配置气象站、环境传感器、视频监控等数据采集设备，建设数据传输及云存储系统，改造和配置温度、湿度、光照等环境控制设施设备。 ② 建设工厂化育苗系统。配置播种、嫁接、催芽、移栽等集约化育苗装备，研发集约化种苗生产管理系统，实现育苗全程自动化管理、环境控制、智能移栽。 ③ 建设生产过程管理系统。购置耕整机、移栽机、施肥机、施药机等农机具，配置水肥药综合管理设备，研发生产用于加工过程的管理、病虫害监测预警和专家远程服务系统。 ④ 建设产品质量安全监控系统。配套生产过程质量管理设施设备、安装质量追溯系统，实现生产全程监控和产品质量可追溯。 ⑤ 建设采后商品化处理系统。配置自动化清洗、分级、包装、扫码、信息采集等设备，提升采后处理全程自动化水平，为电商物流提供基础支撑

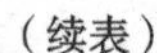
（续表）

序号	数字农业试点项目	建设内容
3	畜禽养殖数字农业建设试点	① 建设自动化精准环境控制系统。配置畜禽圈舍自动化通风、温控、空气过滤和环境监测等设施设备，实现饲养环境自动调节。 ② 建设数字化精准饲喂管理系统。配置电子识别、自动称量、精准上料、自动饮水等设备，实现精准饲喂与分级管理。建设机械化自动产品收集系统，配置自动集蛋、挤奶、包装设备，降低人工成本、提高生产效率。 ③ 建设无害化粪污处理系统。配置节水养殖设施设备，改造漏缝地板、刮粪板、传送带自动清粪等粪便清理收集设施设备，建设粪便厌氧发酵池、沼液收集池、好氧处理池、粪肥田间贮存池等设施，有配套消纳地的可铺设沼液田间输送管网，实现粪污无害化处理和资源化利用
4	水产养殖数字农业建设试点	① 建设在线监测系统。配置水质监控、气象站、视频监控等监测设备，建设养殖现场无线传输自主网络，实现数据实时采集和自动监控，建设和升级改造自动监控平台。 ② 建设生产过程管理系统。配置自动增氧、饵料投喂、底质改良、水循环、水下机器人等设施设备，配套实施养殖池塘、车间和网箱的标准化改造。开发生产运营管理系统，配置便携式生产移动管理终端，提升水产养殖的机械化、自动化、智能化水平。 ③ 建设综合管理保障系统。配置水质检测、品质与药残检测、病害检测等设备以及水产养殖环境遥感监测系统，研发鱼病远程诊断系统和质量安全可追溯系统。 ④ 建设公共服务系统。开发公共信息资源库、疫情灾情监测预警系统、养殖渔情精准服务系统、试点试验成果展示系统

3.1.4 关于推进农业高新技术产业示范区建设的指导意见

2018年1月16日，国务院办公厅印发《关于推进农业高新技术产业示范区建设发展的指导意见》（以下简称《意见》），部署促进农业科技园区提质升级，推进农业高新技术产业示范区建设发展工作。

3.1.4.1 主要目标

《意见》明确，到2025年，国家布局建设一批农业高新技术产业示范区，打造具有国际影响力的现代农业创新高地、人才高地、产业高地。探索农业创新驱动发展路径，显著提高示范区土地产出率、劳动生产率和绿色发展水平。坚持一区一主题，依靠科技创新，着力解决制约我国农业发展的突出问题，形成可复制、可推广的模式，

提升农业可持续发展水平，推动农业全面升级、农村全面进步、农民全面发展。

3.1.4.2 重点任务

该《意见》部署了农业高新技术产业示范区建设的八大任务，如图 3-3 所示。

培育创新主体	研究制订农业创新型企业评价标准，培育一批研发投入大、技术水平高、综合效益好的农业创新型企业。以“星创天地”为载体，推进大众创业、万众创新，鼓励新型职业农民、大学生、返乡农民工、留学归国人员、科技特派员等人员成为农业创业创新的生力军。支持家庭农场、农民合作社等新型农业经营主体的创业创新
做强主导产业	按照一区一主导产业的定位，加大高新技术研发和推广应用力度，着力提升主导产业技术创新水平，打造具有竞争优势的农业高新技术产业集群。加强特色优势产业关键共性技术攻关，着力培育现代农业发展和经济增长的新业态、新模式，增强示范区创新能力和发展后劲。强化“农业科技创新+产业集群”的发展路径，提高农业产业竞争力，推动其向产业链中高端延伸
集聚科教资源	推进政产学研用创的紧密结合，完善各类研发机构、测试检测中心、新农村发展研究院、现代农业产业科技创新中心等创新服务平台，引导高等学校、科研院所的科技资源和人才向示范区集聚。健全新型农业科技服务体系，创新农技推广服务方式，探索研发与应用无缝对接的有效办法，支持科技成果在示范区内的转化、应用和示范
培训职业农民	加大培训投入，整合培训资源，增强培训能力，创新培训机制，建设具有区域特点的农民培训基地，提升农民职业技能，优化农业从业者结构。鼓励院校、企业和社会力量开展专业化教育，培养更多爱农业、懂技术、善经营的新型职业农民
促进融合共享	推进农村一、二、三产业融合发展，加快转变农业发展方式。积极探索农民分享二、三产业增值收益的机制，激励农民增收致富，增强农民的获得感。推动城乡融合发展，推进区域协同创新，逐步缩小城乡差距，打造新型的“科技+产业+生活”社区，建设美丽乡村
推动绿色发展	坚持绿色发展理念，发展循环生态农业，推进农业资源高效利用，打造水体洁净、空气清新、土壤安全的绿色环境。加大生态环境保护力度，提高垃圾和污水处理率，正确处理农业绿色发展和生态环境保护、粮食安全、农民增收的关系，实现生产、生活、生态的有机统一
强化信息服务	促进信息技术与农业农村全面深度融合，发展智慧农业，建立健全智能化、网络化的农业生产经营体系，提高农业生产全过程的信息管理服务能力。加快建立健全适应农产品电商发展的标准体系，支持农产品电商平台建设，推进农业农村信息化建设
加强国际合作	结合“一带一路”建设和农业“走出去”，统筹利用国际国内两个市场、两种资源，提升示范区国际化水平。加强国际学术交流和技术培训，国家引进的农业先进技术、先进模式优先在示范区转移示范。依托示范区合作交流平台，推动装备、技术、标准、服务“走出去”，提高我国农业产业的国际竞争力

图3-3 农业高新技术产业示范区建设的八大任务

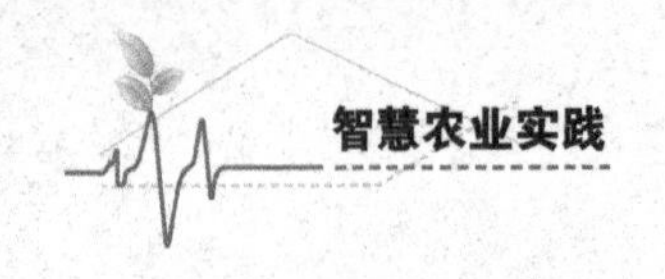

3.1.4.3 政策措施与保障机制

《意见》明确了推进农业高新技术产业示范区建设发展的财政支持、土地利用、科技管理等政策措施。

（1）完善财政支持政策

中央财政通过现有资金和政策渠道，支持公共服务平台的建设、农业高新技术企业的孵化、成果转移转化等，推动了农业高新技术产业发展。各地要按规定统筹支持农业科技研发推广的相关资金并使其向示范区集聚，采取多种形式支持农业高新技术产业发展。

（2）创新金融扶持政策

创新金融扶持政策综合采取多种方式引导社会资本和地方政府在现行政策框架下设立现代农业领域创业投资基金，支持农业科技成果在示范区的转化落地；通过政府和社会资本合作（PPP）等模式，吸引社会资本向示范区集聚，支持示范区基础设施建设；鼓励社会资本在示范区所在的县域参与投资组建村镇银行等农村金融机构。在创新信贷投放方式方面，鼓励政策性银行、开发性金融机构和商业性金融机构的发展，根据职能定位和业务范围为符合条件的示范区建设项目和农业高新技术企业提供信贷支持；引导风险投资、保险资金等各类资本为符合条件的农业高新技术企业提供融资支持。

（3）落实土地利用政策

落实土地利用政策坚持依法供地，在示范区内严禁房地产开发，合理、集约、高效利用土地资源。在土地利用年度计划中，优先安排农业高新技术企业和产业发展用地，明确"规划建设用地"和"科研试验、示范农业用地（不改变土地使用性质）"的具体面积和四至范围（以界址点坐标控制）；支持指导示范区在落实创新平台、公共设施、科研教学、创业创新等用地时，充分利用促进新产业、新业态发展和大众创业、万众创新的用地支持政策，将示范区建设成节约、集约用地的典范。

（4）优化科技管理政策

优化科技管理政策表现为：在落实好国家高新技术产业开发区支持政策、高新技术企业税收优惠政策等现有政策的基础上，进一步优化科技管理政策，推动农业企业提升创新能力；完善科技成果评价评定制度和农业科技人员报酬激励机制；将示范区列为"创新人才推进计划"推荐渠道，搭建育才、引才、荐才、用才平台。

3.2 各省市对智慧农业的制度安排

为加快推进智慧农业的建设，充分发挥“信息进村入户”的示范引领作用，按照“互联网 + 农业”的发展理念，各省市都相继启动了以“123+*N*”为推进路径的智慧农业建设。

3.2.1 指导思想

智慧农业建设以现代农业发展需求为导向，以加快农业物联网技术应用推广为重点，坚持“政府引导、市场主体、多方参与、合作共赢”的原则，强化顶层设计，统一标准、统一部署，抓好试点示范，有序推进智慧农业建设，为全省现代农业发展提供强大的内生动力。

3.2.2 建设原则

智慧农业的建设原则如图 3-4 所示。

自上而下、资源共享	省级层面的智慧农业建设坚持顶层整体谋划、路径科学设计、资源充分整合、成效上下共享的思路。市、县在推动智慧农业建设时，也要坚持自上而下、整体布局的思路。省厅在推行“123+*N*”建设时，各市、县只要能用全省统一公用平台，就无需自行建设。如先期已有自建平台和系统的要与全省统一接入标准进行技术对接，做到数据互通有无，避免信息孤岛化、碎片化
统筹规划、示范带动	市、县在推动智慧农业建设时要服从省级规划和顶层设计，也可以在“123+*N*”基础上进行拓展延伸，因地制宜开发本地化的平台和系统。市县还要积极开展试点示范，打造信息化亮点和行业精品，增强农业企业、园区、新型经营主体和广大农民对智慧农业的认知、认同，加大推广应用力度，推广“互联网+”现代农业的典型模式
政府引导、市场主体	市、县充分发挥市场配置资源的决定性作用，引导通信运营商、互联网企业、农业龙头企业、农民合作社、家庭农场、专业大户等市场主体积极参与，通过政府购买服务、联合经营、资本引导，带动社会资本投入，培育形成市场主导的运营机制和模式；同时发挥政府在战略引领、规划指导、政策支持、标准制订、市场监管、公共服务等方面的引导作用

图3-4 智慧农业的建设原则

3.2.3 建设目标

各省市根据自身的实际情况制订本省市的智慧农业建设目标。江西省智慧农业的建设目标如下。

> 全省智慧农业建设推进路径为“123+*N*”，即建设“1个农业云”——农业数据云；“2个中心”——农业指挥调度中心、12316资讯服务中心；“3个平台”——农业物联网平台、农产品质量安全监管追溯平台、农产品电子商务平台；“*N*个系统”——涉及农业生产、项目管理、资金监管、综合执法、行政审批、市场信息、农技服务、政务办公等各个子系统。省、市、县三级农业部门都要以“123+*N*”路径为主线，省建设“江西省智慧农业运行中心”，市建设“××市智慧农业运行中心”，县建设“××县智慧农业运行中心”。全省上下要以被列入农业部信息进村入户试点省份为契机，大力实施“信息进村入户”和“智慧农场”工程。到2020年，各市、县智慧农业建设初具规模，省级以上重点农业龙头企业、“百县百园”现代农业示范园区基本实现物联网应用，益农信息社等农村电商模式覆盖全省大部分行政村，以农业信息技术应用为核心的农业信息化综合水平达60%。

湖北省智慧农业建设目标如下。

> 湖北省通过现代信息技术在农业生产、农产品加工流通和农业信息服务三大领域的应用示范，实施“五大示范工程”，促进农业和科技的深度融合和有效对接，推动湖北省现代农业的提档升级，带动农业增产增效，帮助农民增收致富。
>
> 到2017年，湖北省完成以“12316三农”综合信息服务平台为基础的全省智慧农业云平台建设，建设9～15个水稻、小麦等智能监测示范基地，6～9个设施园艺作物智能管理示范基地，9～15个畜禽养殖智能管理示范基地，9～15个水产养殖智能管理示范基地，3个农机作业综合服务管理示范基地，3个农村能源高效节能管理示范基地，3个“三品一标”质量追溯示范基地，2～3个农产品加工流通物联网应用示范基地。湖北省还推进大田作物监测、畜牧水产养殖智能管理示范县建设；推动示范基地（企业）

监测数据和各行业数据向全省智慧农业云平台的集中，促进形成全省农业数据中心、指挥调度中心、智能管理中心。

3.2.4 建设任务

智慧农业的建设目标又被分解为建设任务。比如江西省在建设目标下分解了7个方面的建设任务，如图3-5所示。

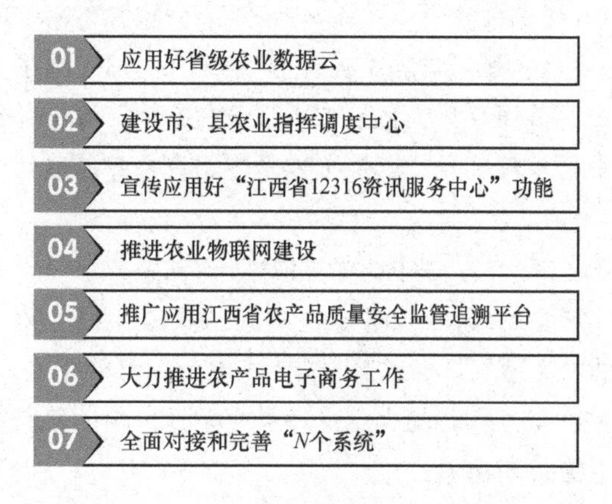

图3-5 江西省智慧建设七大任务

1. 应用好省级农业数据云

省厅已建成省级农业云数据中心，该中心拥有强大的计算、存储和大数据汇集应用能力。各地在原则上不单独建设云数据中心，而是依托省级云数据中心，构建市、县农业大数据中。市、县两级要充分利用省级云数据中心网络、计算和存储等资源，各类应用系统可采用业务托管或主机托管的方式被部署在省级云数据中心。市、县农业部门已建的数据中心应充分做好与省级云数据中心的对接工作，保证数据能按统一标准接入，在条件许可时，再逐步迁移到省农业云数据中心，以实现江西省农业大数据的汇集。

2. 建设市、县农业指挥调度中心

省厅已建成农业指挥调度中心及展示平台，实现对全省重点企业、园区的远程调度、应急指挥及对智慧农业应用效果的集中展示等。

与省级农业指挥调度中心相对应，市、县也要建设农业指挥调度中心。中心以远程视频、应急指挥、电话会议为主要内容，通过实时视频、远程调度，实现对辖区内重大动植物疫病疫情、重大自然灾害、农产品质量安全事件

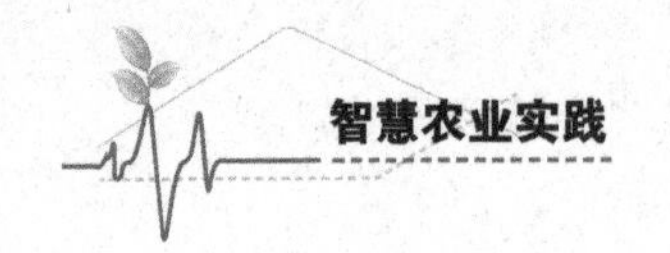

的应急处置、指挥调度，实时对重点企业、重点园区的农业生产状况的监控等。

依托农业指挥调度中心，各省市可根据需求建设智慧农业应用中心，集中展示智慧农业应用成效，如展示各业务子系统运行状况，远程调控物联网基地，远程查看益农信息社，演示农产品电商交易等；也可根据需求建设特色农产品展示中心，集中展示当地名特优新的农产品。

3. 宣传应用好“江西省 12316 资讯服务中心”功能

“江西省 12316 资讯服务中心”是省厅重点打造的农业信息综合服务平台。江西省通过 12316 热线、短彩信、手机 App、微信公众号、惠农直播、远程视频诊断等手段，给市民提供政策、技术、市场信息咨询，假劣农资投诉，农产品质量安全事件举报等多种服务，农民可以足不出户即可获取快捷、权威、便利的信息服务。

市、县农业部门要大力宣传推广“12316 资讯服务中心”的功能，引导更多农户拨打 12316 三农热线，下载使用为农服务综合 App，关注江西农业微信公众号，并参与惠农广播栏目。同时，市、县农业部门要开设区域微信公众号，有条件的市、县可以与当地电视台、广播电台合作，开设惠农直播专栏。

4. 推进农业物联网建设

江西省实施“智慧农场”工程，到 2020 年全省重点农业龙头企业、“百县百园”都要应用物联网技术。为节省各企业、园区物联网控制平台投入，促进农业生产大数据的形成，省厅已建成江西省农业物联网云平台，该平台能实现物联网应用企业、园区与云平台的对接。

各市、县农业部门不用另行建设物联网平台，而是引导辖区内的农业企业、园区、合作社逐步应用物联网技术，并共用江西农业物联网云平台，在粮油、经作、畜牧、水产等多个行业，重点打造企业、园区的物联网示范点。农业龙头企业和省级以上重点园区把传感器采集的生产指标类数据被按照统一传输标准传输至省级物联网云平台，并进行集中存储、分析和处理。任何企业或通信运营商都可按照统一的数据传输标准参与物联网的建设。省厅将为纳入全省农业物联网云平台管理的、物联网技术实际应用效果较好的农业企业或基地授予“农业物联网示范企业（基地）”称号。

对于已有物联网应用的企业和园区，省厅要引导其逐步纳入江西农业物联网云平台管理，保证数据的及时接入。

5. 推广应用江西省农产品质量安全监管追溯平台

江西省按照“安全可预警、源头可追溯、信息可查询、责任可认定、产品可召回”的要求，建立全省统一的农产品质量安全监管追溯平台，形成全省“一张网”的监管和追溯机制。省级以上的农业龙头企业、农业合作示范社、“三品一标”企业是首批被纳入平台监管的用户，其被强制性要求进行信息登记和发布。企业生产的每个产品都将生成一个唯一的二维码，社会公众可通过扫描二维码进行查询，了解产品信息。

6. 大力推进农产品电子商务工作

全省农产品电商要围绕做大做强全省农产品电商平台——“赣农宝”这个重点，建设省、市、县三级农产品电商运营中心，依托“信息进村入户”试点工程，推进益农社在乡镇、行政村布网，力争到2020年，建成省、市、县三级中心，使益农信息社等农村电商模式覆盖全省大部分行政村。

7. 全面对接和完善“N个系统”

为使管理更高效，省厅正在启动建设“*N*个系统”，这些系统涉及全厅37个单位若干个子系统的建设。市、县农业部门要加强与省厅各部门“*N*个系统”的对接，同时也可结合需求开发本地化系统。

湖北省智慧农业建设的任务是推进三大领域应用和实施五大示范工程，具体如图3-6、图3-7所示。

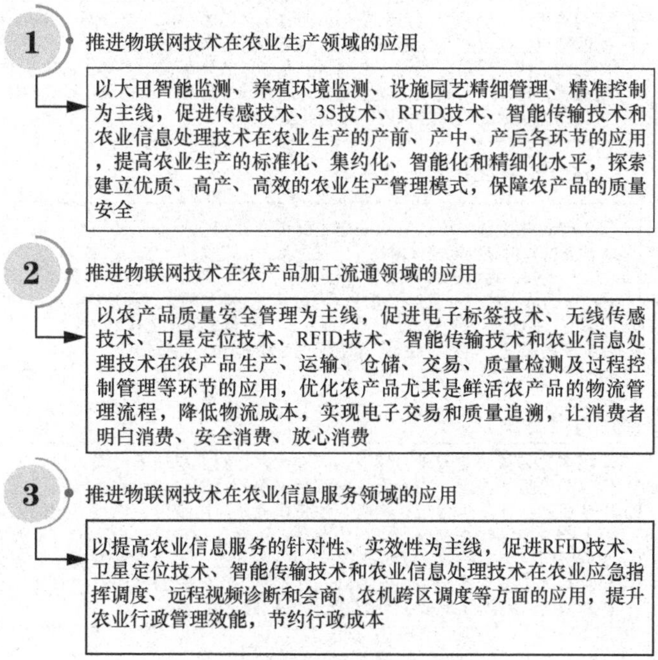

图3-6 推进三大领域应用

1 大田种植智能监测示范工程

结合湖北大田作物生产特点，湖北省每年评审认定3～5个示范基地，开展水稻、小麦等不同作物的大田智能监测示范工作。湖北省挖掘苗情、墒情、病虫情和灾情信息与农作物产量的相关关系，通过2～3年的数据积累，建立大田作物产量测算数学模型和大田作物监测预警信息系统；充分发挥市县（区）已建植保区域站的作用，长期监测固定田块的作物病虫情、水旱灾情等，总结农作物重大灾害的发生、发展规律，完善农作物病虫害监测预警系统，建立防控预警体系；通过对不同作物的智能监测示范工作的推进，探索建立示范基地物联网建设标准，统一监测参数、统一传输控制协议、统一数据接口

2 设施园艺精细管理示范工程

结合新一轮“菜篮子”工程建设和都市现代农业发展情况，围绕产地蔬菜种植和特色果品的栽培管理，每年在都市现代农业示范区、标准园创建区选择2～3个基地，开展设施蔬菜、食用菌、特色水果、茶叶等生产的物联网技术综合应用研究和示范区，实时监测作物生长环境，建设园艺作物智能管理信息系统，实现对水肥一体化的精准管理、对环境的自动调控、病虫害的智能监测和预警，提高对园艺设施生产的管理效率

3 养殖业智能监测示范工程

结合湖北省畜牧养殖特点，湖北省每年评审认定3～5家畜禽养殖企业，开展畜禽健康养殖物联网应用示范工作，通过对养殖场相关环境参数的智能监测、对畜禽个体信息的智能识别，建设畜禽养殖远程视频诊断以及智能信息管理系统，推进畜禽规模养殖的网格化管理、畜禽精准化投喂、栏圈自动消毒清洗、圈舍环境自动控制，促进畜禽健康养殖。结合湖北省水产养殖的特点，湖北省每年评审认定3～5家特色水产品养殖企业，开展特色水产物联网应用示范，通过对大型水产养殖场的分布式、网络化水质参数智能监测，建设水产养殖环境监测和智能管理信息系统，实现精准化投喂与对生物生长状态的科学调控，减轻养殖户劳动强度

4 农产品加工流通促进工程

以新型农村经营主体、农产品电子商务企业和大型农产品物流中心为主体，支持和引导物联网技术在“三品一标”质量追溯、农产品加工、仓储、包装、运输、销售等环节的应用和研究，探索建立农产品分级分类标准，推动农产品从生产、流通到销售的全程追溯应用系统的建设和推广。通过几年的努力，湖北省力争建成3个“三品一标”质量追溯示范基地，形成2～3家网上交易额过100亿元的农产品电子商务或流通龙头企业

5 农业信息服务应用示范工程

围绕全省智慧农业云平台建设，开展大宗作物卫星遥感监测、耕地力评价、测土配方施肥、农村土地确权登记颁证、新型职业农民培育、基层农技服务、专家远程视频诊断、农机作业及跨区调度、农村清洁能源高效节能管理等物联网技术应用的示范，统筹各类信息采集系统、各类农业物联网示范工程信息系统以及12316平台既有信息资源和数据库，建设湖北智慧农业云数据中心，为农业科技推广、农机跨区作业、农业应急指挥调度、农业行政执法等提供强大的数据支撑

图3-7 实施五大示范工程

3.3 智慧农业的运营与推进

3.3.1 智慧农业的运营模式

智慧农业建设从规划到现在的逐步实施包括多种运营模式，例如，国内政府完全出资，政府出资、运营商负责建设，企业建设以及 BOT 模式等。

3.3.1.1 政府独资（官办官营）

（1）模式介绍

政府独自投资建设和运营，政府负责宽带、无线网等公共基础设施的投资、建设、维护和运营，将部分设施免费提供给用户使用，而对另一部分设施向用户收取相应的费用。

（2）优缺点

政府独资的优势是政府对项目有绝对的控制权和支配权；但是同时也存在很大的风险，政府需承担自建成本、维护成本、运营成本等，产生巨大的财政压力；还可能面临庞杂的后期维护问题，对政府的运营能力、建设能力、管理能力要求较高。

3.3.1.2 官管民营

（1）模式介绍

官管民营的模式是指智慧农业建设由政府和企业共同投资完成，其中政府主导，并拥有所有权，并进行部分投资，然后通过招标等形式委托一家或多家专业的企业负责投资建设、运营、维护，政府对整个运营过程予以适当监督。

（2）优劣势

官管民营比起独资建设的优势是政府的财政压力降低了，而运营商运用其专业技术、运营经验等也可降低运营风险与难度；其劣势是，由于项目是政府和运营商共同投资的，运营商在运营时可能在网络资源的使用上产生纠纷，同时运营商对运营系统的规划受政府限制，资源利用率可能有所降低。

3.3.1.3 官办民营

（1）模式介绍

官办民营模式就是政府出资，委托运营商或机构利用其技术、市场、专业优势负责项目的建设与运营的模式。

（2）优劣势

该模式的优势是政府对整个运营体系具有绝对控制权，运营商或机构对整个系统设计、产品建设有较大的自主权，其中数据资源可以为企业所用，并带来利益；劣势是政府承受巨大的财务压力，后期维护中权责不明的问题也很突出。

3.3.1.4 联合建设

（1）模式介绍

联合建设运营模式是指由整个智慧农业运营项目上涉及的企业（如运营商、终端提供商、应用开发商等）中的两家及以上联合建设、运营的模式。

（2）优劣势

该模式的优势是各企业可扬长避短，且风险共担；劣势是不同企业的合作方式会影响后期权责分配，使协调成本提升。

3.3.1.5 联合公司化

（1）模式介绍

联合公司化运营模式与联合建设运营模式类似，是指各企业联合成立公司及系列子公司，分别负责投资、建设、管理运营等，其特点是进行公司化管理，各企业按合同组建新公司。

（2）优劣势

该模式的优势是联合提高了综合能力和专业化程度，利于产业运作；劣势是提高了建设成本，同时协同成本提高了。

3.3.2 基于 PPP 管理模式的智慧农业建设

3.3.2.1 PPP模式的含义

PPP（Public-Private-Partnership，公共私营合作）是指政府与私营组织，合作建设智慧农业基础设施项目或是提供某种公共物品和服务，以特许权协议为基础，彼此之间形成一种伙伴式的合作关系，并通过签署合同来明确双方的权利和义务，以确保合作的顺利完成，最终使合作各方达到比预期单独行动更为有利的结果。

PPP 模式的内涵主要包括以下 4 个方面。

（1）PPP 模式是一种新型的项目融资与运营模式

PPP 项目融资是以项目为主体的融资活动，是项目融资的一种实现形式。它主要根据项目的预期收益、资产以及政府扶持措施的力度而不是项目投资人或发起人的资信来安排融资。项目经营的直接收益和通过政府扶持所转化的效益是偿还贷款的资金来源，项目公司的资产和政府给予的有限承诺是贷款的安全保障。

（2）PPP 融资模式可使社会资本更多地参与到项目中，以提高效率、降低风险

这种模式弥补了现行模式的缺陷。政府与民营企业以特许权协议为基础进行全程的合作，双方共同负责项目运行的整个周期。PPP 模式使企业在项目初期就可以参与到公共设施的研究、设计当中。一方面，企业可以借助先进的技术、管理经验提高项目研究的准确性与效率；另一方面，参与前期评估可以增加企业对项目的了解与控制，帮助企业在日后运营中规避风险，较好地保障国家与民营企业各方的利益，这对缩短项目建设周期、降低项目运作成本甚至资产负债率都有值得肯定的现实意义。

（3）PPP 模式可以在一定程度上保证社会资本“有利可图”

私营部门的投资目标是寻求既能还贷又有投资回报的项目，没有利益的项目是难以吸引民营企业关注的。智慧农业建设是个长期项目，初期，企业难以获得来自用户的利益，但是在 PPP 模式中，政府通过给予私营企业以政策扶持，如税收优惠、贷款担保，给予民营企业沿线土地优先开发权等，协助民营企业顺利运作，从而更好地将民营资本引入到智慧城市的建设中。

（4）PPP 模式可以有效降低政府建设初期的财务压力和投资风险，并提高基础设施的服务质量

私营部门使用 PPP 模式是在项目已经完成并得到政府批准后才可获得收益，因此 PPP 模式有利于提高效率、降低工程造价，能够消除项目完工风险和资金风险。研究表明，与传统的融资模式相比，PPP 项目为政府部门平均节约 17% 的费用，并且建设工期都能按时完成。

3.3.2.2 PPP模式的优缺点

（1）PPP 模式的优点

1）减缓政府部门的财政压力与管理成本

智慧农业建设项目周期长、耗资巨大，政府部门难以在短期内获得巨大的资金回报以及后续运营资金。但如果采用 PPP 模式进行智慧农业项目建设，政府通

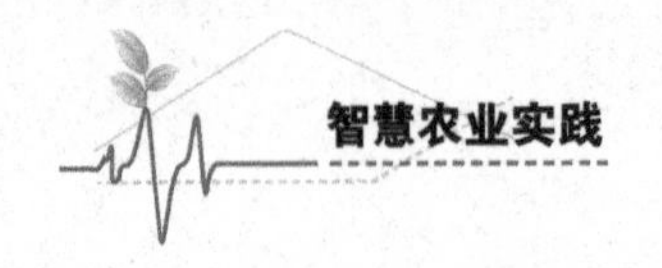

过借助企业及社会资本的力量即可在一定程度上缓解此压力。

2）节约时间，提高工作效率

政府部门借助企业的专业技能、人力资源、管理经验等，缩短项目建设周期，使项目早日服务于公众；同时，政府部门可运用先进的管理方法提高管理、运作效率。

3）提升基础设施建设和服务水平

在PPP模式下，政府的职责更专注在监督和约束上，它可以更好地约束企业建设项目的水平及服务行为。企业的专业技术水平可以推动政府部门更加努力地提高基础设施的建设和服务水平，从而获得更多的投资回报。

（2）PPP模式的缺点

1）易产生纠纷，协调成本高

PPP模式涉及公共部门、项目承担商、咨询部门等组织，各组织在合作过程中不可避免地会在权责上出现分歧，PPP模式也没有完整的法律配套体系，缺乏足够的法律、法规支持，项目在运作中许多都无章可循。PPP在利益分配、风险承担方面也容易产生很多纠纷，如果参与PPP项目的企业得不到有效约束，那么它们容易在项目设计、融资、运营、管理和维护等各阶段出现问题，发生公共产权纠纷。如果纠纷得不到调解，项目进度甚至项目效果必然会受到影响，所以政府部门需要投入更多的精力进行协调合作。

2）无参照、易出错

我国的PPP模式正处于探索期，没有一个标准的应用程序作为参照，这使得新上手的PPP项目在实践操作过程中难免会走一些弯路。并且，从已运行的项目来看，这些项目因没有操作方面的指导，经常会出现程序混乱、操作不规范的情况。

3）风险识别难，风险分担机制要求高

风险的识别需要大量的数据、资料和对于大量信息资料的系统性分析研究，但政府能收集的资料是有限的，所以难保不出错。同时，项目如果没有一个好的、平衡的风险分担机制，那么日后项目成本可能会大幅提高，合作的一方或各方都难以继续发挥他们各自的潜力。

4）投资人选择难度大

投资人的选择本身就是一项复杂、充满不确定性的工作。由于政府不熟悉投资人招商的过程，缺乏有效选择投资人机制和经验，因此在引进投资人的过程中，往往对投资人的诚信、实力、资质、经验等方面考察不充分，一旦选择了一些不良的投资商，那么违约的风险也会增大。

3.3.2.3 PPP模式成功的关键要素

PPP 模式成功的关键点包括 4 个层面：合同计划层面需明确各自的权利和义务关系；机构组织层面需明确所有利益相关者的职责和关系；管理领导层面需通过股权结构，强化、明确管理模式，创新领导职能；考核控制层面需衡量实际绩效，并进行绩效对标，做到及时管理和纠正，具体的把握点包括以下内容。

（1）适用性的把握

PPP 模式需预期可以获取的 VFM，在确保投资业务的长期稳定性以及项目的可持续经营性的同时，能从节约的投资成本中获取预期的 VFM；因此，PPP 模式较多地适合运用在耗资较大、建设周期较长的大型基础设施和大型的公益性项目上。

（2）完备的项目投、融资方案

一个让各投融资方都接受的、合理的项目投融资方案是保证政府部门在金融市场融到足够资金运作项目的基础。同时，一个完备的投融资方案可以平衡好公共部门和私营部门的利益，确保公共部门和私营部门均受益。

（3）政府部门的有力支持

PPP 模式是提供公共设施或服务的一种比较有效的方式，但它并不能替代政府去有效治理和决策相关事件。在任何情况下，政府均应从保护和促进公共利益的立场出发，负责项目的总体策划、组织招标，理顺各参与机构之间的权限和关系，降低项目的总体风险。

（4）健全的法律、法规制度

PPP 项目的运作需要建立在法律层面上，法律明确界定了政府部门与私营部门在项目中需要承担的责任、义务和风险，保护了双方的利益。在 PPP 模式下，项目设计、融资、运营、管理和维护等各个阶段都可以采纳公共私营合作的方式，通过完善的法律法规有效约束参与双方，最大限度地发挥优势并弥补不足。

（5）专业化机构和人才的支持

PPP 模式广泛采用项目特许经营权的方式运作，这需要比较复杂的法律、金融和财务等方面的专业知识。一方面，PPP 模式要求政策制订的参与方制订规范化、标准化的 PPP 交易流程，对项目的运作提供技术指导和相关的政策支持；另一方面，它需要专业化的中介机构提供具体和专业化的服务。

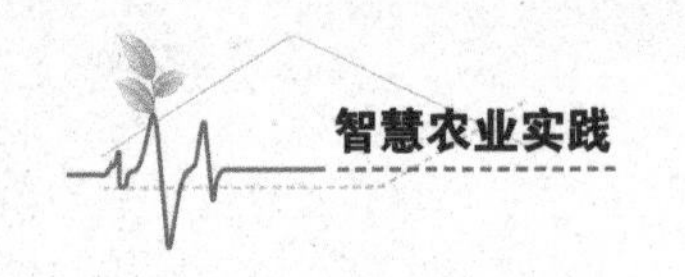

某市智慧农业的运营思路

运营服务平台由国家现代农业科技城统一协调管理，利用政府国拨资金和企业自筹资金作为初期启动资金，完成平台基础架构搭建。平台的基础资源主要来自国家现代农业科技城和北京科委前期支撑的各类涉农服务应用、产品和解决方案。专业运营服务公司根据行业细分和市场化需求系统化整合原有的应用、产品和解决方案，结合商业运营思路，形成持续化运营服务中心。运营服务平台由应用服务中心和应用运营中心构成；应用服务中心提供基础性现代农业应用和服务，进而形成品牌，带动现代农业服务发展，解决现代农业服务的公益性问题；应用运营中心提供差异化应用和服务，产生规模商业效益，如图 3-8 所示。

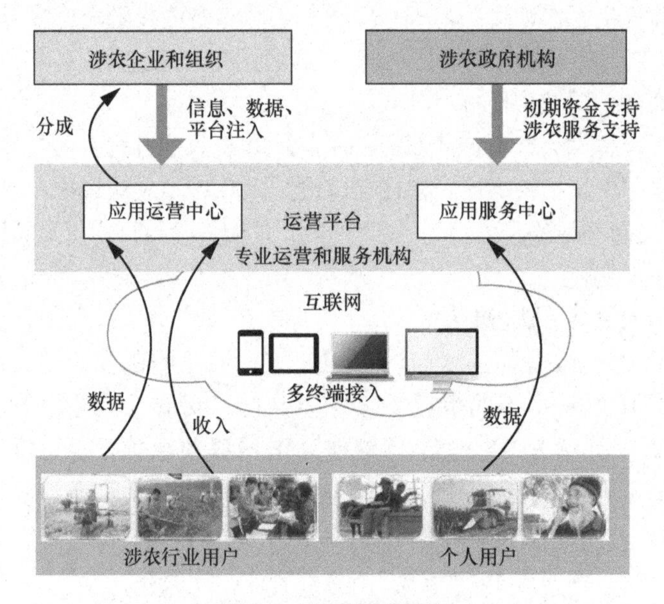

图3-8 运营思路图示

运营服务平台作为各类应用产品的运营主体，通过整合各类应用的服务支撑团队，为用户提供专业化细分应用、差异化定制服务和一体化支撑等多种服务模式。它整合电子商务、运营商和金融服务商的计费、收费系统，为用户提供高效的计费手段和灵活的收费模式。运营服务平台还细分市场定位和用户需求，为用户提供精细化应用，这样，用户就可以专注于某一类信息和应用。它还采用数据共享、信息交互、合作分成及资源置换等各类灵活的服务交互模式，推动服务平台的发展和服务资源的升级。该运营平台强调行业大数据收集、分析和管理，以提供专业的大数据服务。

服务价值链体现如图 3-9 所示。

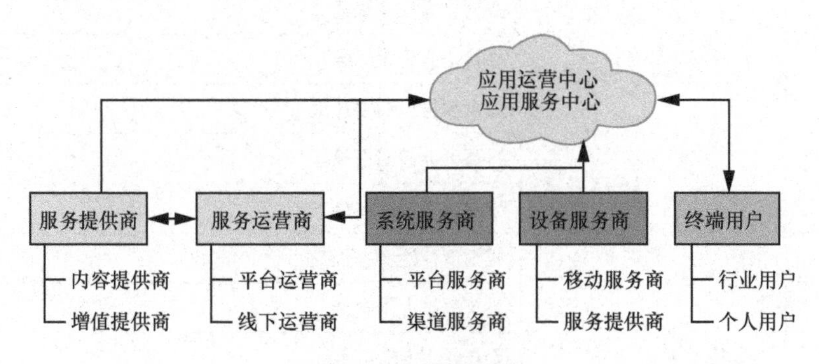

图3-9 服务价值链

3.4 智慧农业发展的对策

3.4.1 构建智慧农业标准体系

智慧农业的建设应确立“以标准化为纽带”的原则，认真执行国家相关的电子政务标准体系（包括总体标准、应用标准、应用支撑标准、网络基础设施标准、信息安全标准、管理标准等相关标准），见表 3-4。智慧农业通过全方位的标准化建设，将本地信息资源体系的生产、消费、交换、共享、管理各个环节的业务有机地连接起来，为各业务应用系统间的数据共享和信息服务提供技术准则。标准化的协调和优化功能可以保证信息系统建设少走弯路，提高效率，确保系统安全可靠。

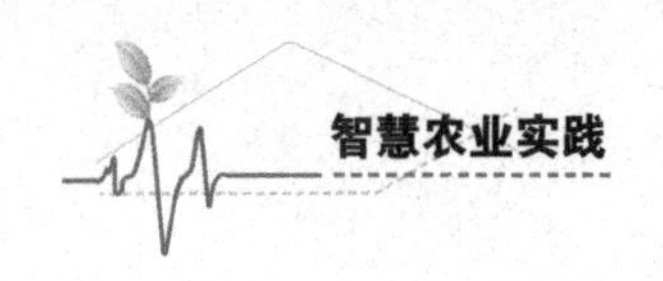

表3-4　智慧农业项目标准规范

序号	类型	名称
1	农业数据规范	数据分类与编码规范
2		数据存储与数据库设计规范
3		数据采集与更新规范
4		数据质量控制规范
5		平台信息采集标准
6	开发技术规范	需求规格说明书规范
7		概要设计说明书规范
8		技术文档编制规范
9		详细设计说明书规范
10		系统测试大纲规范
11		用户使用手册规范
12		安装部署手册规范
13		Java软件编码技术规范
14		界面设计规范
15		平台数据交换与共享的标准
16		溯源编码数据的标准
17	其他标准规范	电子文件全程管理调用接口规范
18		电子文件全程管理系统测评规范
19		多媒体档案管理规范
20		音频档案元数据规范
21		电子文件全程管理基础数据标准
22		非关系型数据格式标准
23		关系型数据库与XML转换标准
24		电子文件全程管理基础数据标准
25		电子文件全程管理业务需求指南
26		自主可控环境下电子文件管理系统测试方法
27		生产档案管理标准
28		信息查询服务标准

3.4.2 加强智慧农业信息化建设

各省市应紧密围绕本地智慧城市的建设目标，依托本地原有的产业优势和良好的生态环境，综合应用全面感知、可靠传输、智能处理和“多网融合”等技术手段完成以下工作；

① 区域种植业资源管理与辅助决策系统；

② 农业生产智能化管理系统以及农产品现代流通体系；

③ 农产品质量安全体系和农村社会化服务体系；

④ 通过信息采集和视频监控设备获取农业生产管理信息；

⑤ 通过门户网站、手机、触摸屏等媒体终端对外提供综合信息服务，构建涵盖信息采集、系统应用和综合信息服务的智慧农业信息化应用完整框架，具体如图 3-10 所示。

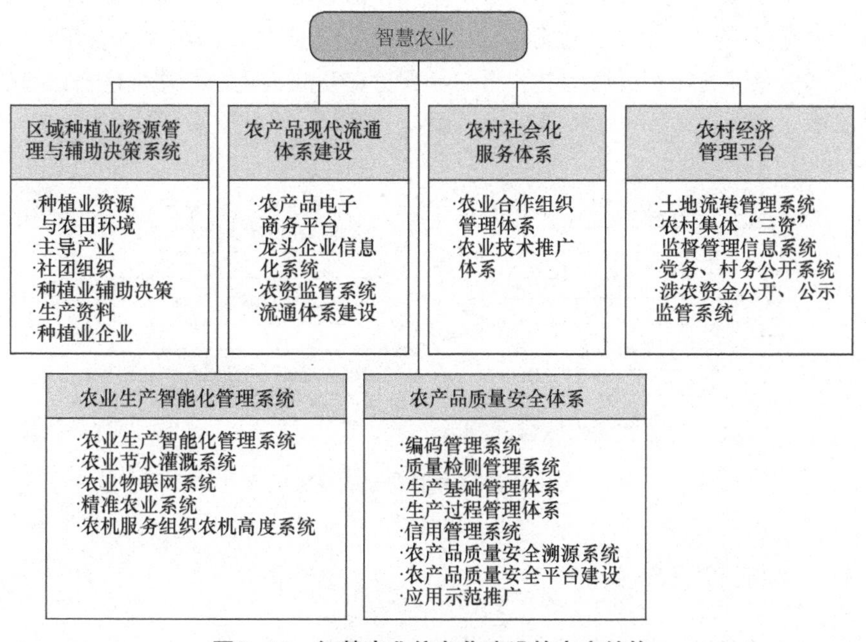

图3-10 智慧农业信息化建设的内容结构

各省市加快推进发展农业设施、现代种植业、养殖业等产业的发展，加快推进农产品加工业及流通业的发展，推进农业生产经营专业化、标准化、规模化、集约化和服务社会化的发展，这些都需要信息技术基础设施的支持，如电网、互联网、手机网络和计算机网络等基础设施。

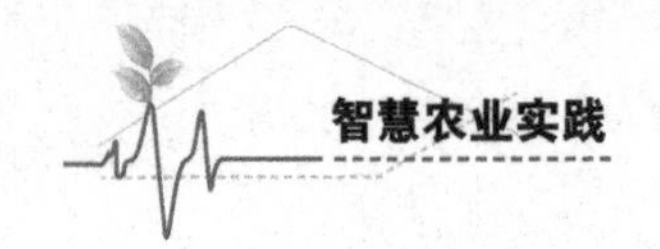

具体的措施如图 3-11 所示。

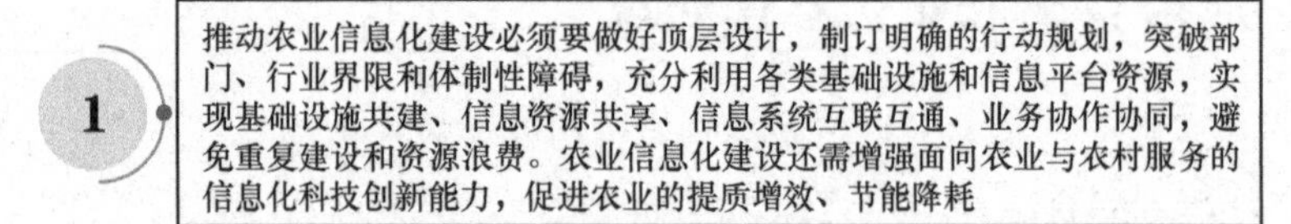

图3-11　信息化基础设施建设的措施

3.4.3　农产品质量安全体系

农产品质量安全问题涉及生产、加工和流通等诸多环节，既需要技术方面的支持，也需要法律、制度、监管方面的保障；既需要政府的作为，也需要企业、农户和消费者等利益相关者的共同努力。智慧农业的实现，必须是建立在好的农产品质量安全体系之上的，如图 3-12 所示。

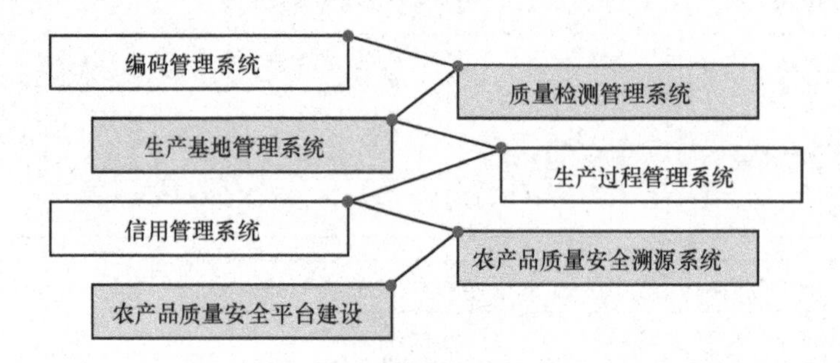

图3-12　农产品质量安全体系的内容

3.4.3.1　编码管理系统

1. 产地编码管理

产地编码参照农业部农产品产地编码规则，结合本地农业产业化发展的实际情况，建立健全基于本地地域特点的产地编码体系。智慧农业将产地编码作为农产品基地准出的必备条件，实现对农产品原产地的溯源监管。农产品产地编码结构见表 3-5。

表3-5　农产品产地编码结构

市、县、区划	乡镇/街道	村	地块单元	产地类型	认证类型
××××××	×××	×××	×××	×××××	××

编码说明：产地编码第一段6位数字代表县级及县级以上的行政区划代码，参考《中华人民共和国行政区划代码》(GB/T 2260-2007)；第二段3位数字是乡镇（街道）代码；第三段3位数字是村代码；第四段3位数字是地块单元顺序代码或者农户代码；第五段5位数字是农产品产地的分类代码（菜地为81040，果园为82010）；第六段2位数字是产品认证情况代码（如：有机认证为01、绿色认证为02、无公害认证为03、地理标志农产品基地认证为04、其他为05）。

2. 溯源码编码管理

溯源码编码参照EAN.UCC128码编码规范，统一编码本地农业生产企业、生产基地、合作社、村民小组、农户和农产品，建立本地农产品溯源条码编码体系，为企业、基地、合作社或村民小组分配相应的溯源条码码段。溯源条码包括企业名称、商品名称和生产加工信息，方便消费者通过溯源条码查询了解农产品的产地、企业和生产加工信息。溯源条码将采用一维码和二维码相结合的方式。农产品溯源码编码结构见表3-6。

表3-6　农产品溯源码编码结构

企业编码	产地编码	产品编码	日期编码	校验码
××××	见产地编码	××××	××××××	××

编码说明：溯源码第一段4位数字为企业编码，代表本地标准化生产基地；第二段产地编码与表3-5所示的产地编码一致；第三段4位数字为产品编码，代表本地的果蔬农产品；第四段6位数字为日期编码，代表生产日期，编码格式为YYMMDD；第五段2位数字为校验码，为前述编码的加密码。

3.4.3.2　质量检测管理系统

农产品质量安全检验检测体系的建设必须满足农产品产前、产中和产后三个环节对农产品质量安全监控的需要，向社会提供科学公正的检测数据。检测体系应以无公害农产品、农业投入品、生产基地和批发市场质量安全检测为重点，建成覆盖全市的检测网络。质量检测管理系统的范围及说明见表3-7。

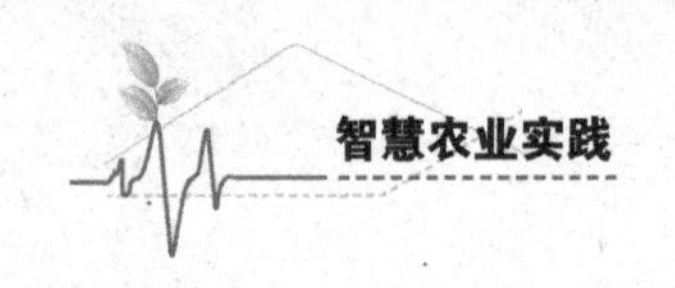

表3-7　质量检测管理系统的范围及说明

序号	管理项目		管理要求
1	检测体系管理	检测实验室管理	面向检验检测机构，采用标准化实验室的管理理念，严格地控制各级质检中心实验流程以及实验室管理中的每一个环节，实现计算机自动处理检测机构检验业务全过程的数据，实现从样品的收取、传递，检验任务的分配、接收，检验结果登记、原始记录的自动分析计算、校核、审核，检验报告的汇总生成、审批、签发以及归档记录发送等全过程的计算机自动处理，并且能快捷方便地统计分析信息和报表
		检测人员管理	采集和汇总各级检测部门的机构信息、人员组成信息，全面掌握本地检测体系的基础条件和应用情况，为开展农产品质量安全检测工作和区域安全决策提供有效保障，增强政府主管部门对检测体系的信息化管理能力
2	检测数据管理	检测数据采集管理	通过计算机网络技术实时汇总与统计数据、分析各检测站点的检测数据，形成实时监控状况的统计分析报告，汇总各检测站的检测数据，并进行统计、分析和制表处理，便于农产品质量安全监管部门掌握农产品质量安全工作总体情况，从而给出合理的业务规划和工作指导
		检测数据统计管理	根据时间、区域、企业、农产品种类、检测类型等综合分析检测数据，以指导检测站或检测室加强检测进入市场流通的该区域农产品的质量
		应急预警管理	制订应急预案和操作手册，健全事故报告系统、危害评估系统和信息发布系统，建立和完善重大食品安全事故督查制度。加强对基地、批发市场和超市中蔬菜、畜禽产品、水产品等重点产品的日常监管，建立健全重大食品安全信息数据库，及时根据数据分析事故对公众健康的危害程度，并因此及时做出预警，形成监测、预测、预报、预警一体化快速反应体系，切实保障农产品食用安全，维护社会安定

3.4.3.3　生产基地管理系统

生产基地管理系统主要采集和管理标准化生产基地的认证、审核和资质数据，并为基地农产品市场销售开具产地证明，该产地证明是基地农产品快速进入市场的必要条件。系统具体内容如图 3-13 所示。

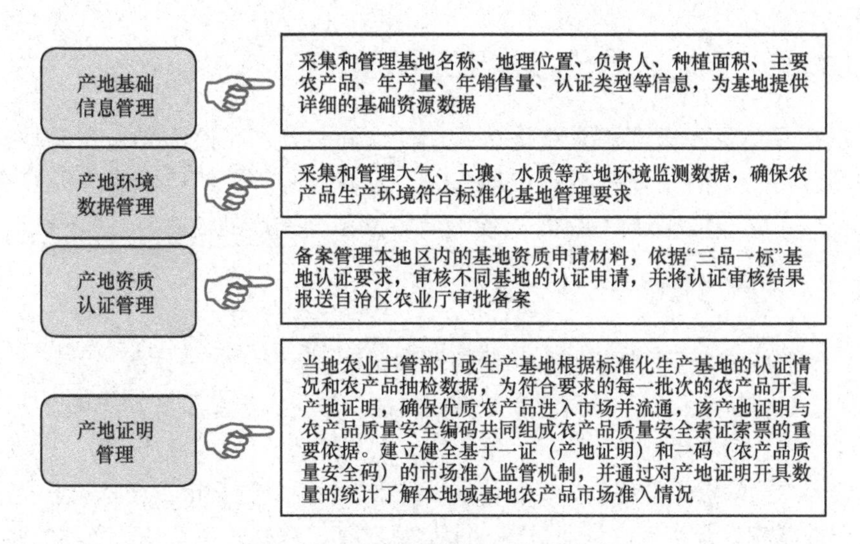

图3–13　生产基地管理系统的内容

3.4.3.4　生产过程管理系统

各省市应紧密结合农产品质量安全生产和流通对信息化的实际需求，以推动农业产业化、标准化并保障农产品质量安全，农产品质量安全问题贯穿农产品生产、流通、消费等一系列环节，各省市相关部门可通过信息化、网络化手段全程监管农产品的质量安全，实现农产品从农田到餐桌的可溯源，促进放心消费。同时各省市应科学分析检测数据，了解农产品产地和农产品安全情况，搭建一个信息对称、数据共享、多方联动的监督、管理和辅助决策的农产品质量安全管理信息平台，为决策提供依据，提升质量安全管理效率和水平。

3.4.3.5　信用管理系统

政府部门以有较强开发加工能力及市场拓展能力的龙头企业为依托，通过财政补贴手段，鼓励企业引领分散农户的规模化生产，实施农业品牌建设，推行诚信体系建设，建立农产品信用管理、信用评价、信用披露和信用奖惩制度，重点对农产品生产者、经营者等进行信用等级评价。政府部门需通过对资质认证、质量检验、产品追溯、消费者反馈等因素的评价，确定农产品生产者和经营者的信用等级，按不同的等级对其进行分类管理，每年评选诚信农产品生产企业，从而提升农产品的品质、营造诚信的环境、打造诚信的品牌、增加消费者信心、提升政府声誉。

3.4.3.6 农产品质量安全溯源系统

农产品质量安全溯源系统是基于产地编码和农产品追溯码来实现对农产品的溯源监管和对安全档案的信息查询，方便政府监管部门快速追溯和有效监管农产品的产地和经营主体，方便消费者溯源查询产品信息，促进放心消费。

3.4.3.7 农产品质量安全平台建设

政府部门依托互联网，集成检验检测体系、生产基地管理体系、生产过程管理体系、征信体系和农产品质量安全溯源系统，搭建农产品质量安全平台，监管农产品产地、标准化生产、流通、检测等一系列环节的信息。政府部门还实时监督管理各检测站点的检测数据、统计分析结果，及时掌握全市农产品质量安全检测工作进展和安全水平，从而搭建一个信息对称、数据共享、多方联动的监督、管理、辅助决策平台。此外，政府部门还依托网站和电话、短信、网络、触摸屏等多种方式对外发布信息，为消费者提供信息查询服务，高效快捷、准确无误、科学规范地传递农产品质量安全信息。

3.4.3.8 应用示范推广

政府部门积极推进无公害农产品标准化生产基地的建设，建立农业投入品进入绿色、有机食品生产基地的推介制度，推动基地建设规模化、产地环境无害化、生产过程标准化、质量控制制度化、产品流通品牌化、生产经营产业化的发展。政府部门还要重点发挥龙头企业、基地的示范带动作用，鼓励它们率先制订完善的企业标准，对投入品的生产环境、生产过程实施全程标准化控制；同时推行生产过程记录和农产品包装标识，逐步建立农产品质量安全体系。

3.4.4 加强农村物流体系建设

农村物流体系是指农村物流资源在地域空间、技术信息、基础设施、供需市场及产业组织等方面所构成的产业体系，它是一个由为农村生产、生活和其他经济活动提供物流支持和服务的产业组织所构成的服务体系。农村物流体系的运作主要涉及运输、仓库、场站、管理体制、信息水平等因素。物流环节的制约严重地影响农产品的销售，具体表现见表 3-8。

表3-8 影响农产品销售的物流环节

序号	因素	说明
1	运输不畅	道路交通的通达度对于一个地区的发展尤为重要，物流运输依赖于道路发展情况，然而目前我国农村道路网络尚未完善。尤其是中西部或者山区，农村道路更是无法满足物流发展的需要。道路交通情况恶劣，路面崎岖导致车辆无法畅通行驶，道路颠簸也容易造成产品在物流过程中被损坏。此外，农村因为经济落后、道路不通畅、车辆配置落后等因素导致农产品在运输过程中损耗大，无法实现快速、远距离的运输
2	仓储库存条件限制	生产、销售、中转环节都会使用通用仓库，甚至是简易仓库。同时，传统农业受到信息化水平等的制约，无法采用科学的库存管理与控制手段，这些造成了物流成本过高以及资源的浪费；农产品在储存过程中无法满足产品的保鲜性要求，仓储损耗率较高
3	缺乏合理专用的装卸和搬运设备	农产品在装卸和搬运过程中，受基础设施的影响，缺少相应的机械设备，机械化水平低，大多采用人工操作，造成了大量劳动力及时间的浪费，严重降低了装卸搬运的效率，增加了装卸搬运成本，且装卸搬运过程中也增加了产品的损耗
4	一些产品缺乏必要的包装	许多产品完全没有包装或使用简易的竹篓、塑料编织袋包装，缺少包装设计以及品牌宣传，产品的安全性得不到保证。初步包装产品可以减少运输过程中一些不必要的损耗；精致的包装可以增加产品的美观度，打造品牌优势，提高地区知名度和经济效益
5	缺少对产品的加工	产品加工技术普遍落后，加工品种单一、加工深度不够造成了产品附加值低。改进加工技术、提高加工深度、提高产品质量能够增加产品附加值，从而增加了经济效益
6	配送服务水平较低	目前，绝大多数农民还是通过直接销售或在路边摆摊的方式销售农产品。这种方式无法实现转型，如农民联系超市、酒店等大客户和专业销售商，定点定时配送农产品。同时，农民在采购产品时也缺乏对配送服务的理解，并未要求销售商配送自己所采购的产品

物流保障是农村电商发展的必要条件。网络可以通过一根网线连接全世界，但物流却需要一个节点一个节点地落地建设，农村物流体系建设需要多方合作、多管齐下，具体包括以下几方面的措施。

3.4.4.1 政府必须加大财政投入力度

农村物流水平的提高需要良好的基础设施建设的支持，这些基础设施建设主要包括农村交通设施建设、农资及农产品批发市场建设、农产品仓储设施建设、农产品加工配送中心的发展和建设、网络信息平台建设等。加强农村道路、仓储、

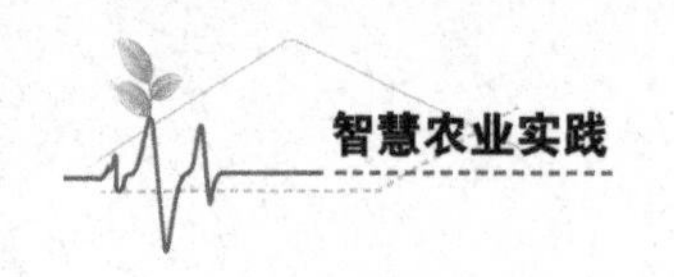

信息系统等物流基础设施的建设需要国家的财政支持，因为我国农村现状决定了光靠农村自身积累是无法完成现代农村物流建设这个大工程的。

3.4.4.2 加强农村信息化建设

物流信息是一种已经被加工成特定形式的数据，这种数据形式对于物流信息接收者来说是有意义的。农村物流信息就性质而言包括与农村物流有关的政策法规、市场、经营、生产信息；与物流运作本身相关的运输、库存、货物动态、各种运输工具的技术、人事、气候地理信息等。加强农村信息化建设，基层政府要着手建立为农产品交易提供平台的农网，农网是方便农民、基层的信息服务站、市场需求者之间进行信息交流的平台。

3.4.4.3 建立农村物流园区

农村重点乡镇或城乡结合部建立若干个物流园区，实行集约化经营，发挥物流园区的辐射作用，这是农村物流发展的一条路径。因为农村物流是一个典型的“双向物流”，物流园区通过“双向物流”将农民需要的农资产品、生活日用品配送到广大农民手中，再将农民生产的农产品通过初加工，配送到城市的超市、商店，进而配送到城市居民的餐桌上，使现代物流成为连接农村和城市的桥梁和纽带，这也成为帮助农民致富的渠道。

3.4.4.4 加快人才培养，提高使用者水平

地方政府制订农业物联网技术人才培养与培训计划，联合高等院校、科研院所、企业，加快对农业物联网专业技术人才的培养、培训，提高农业物联网技术的创新能力、应用能力；建立人才激励机制，稳定和扩大人员队伍，满足农业物联网发展带来的人才需求。

3.4.5 加大基层农业技术推广与应用

农业技术推广与应用是指地方政府通过试验、示范、培训、指导以及咨询服务等，把应用于种植业、林业、畜牧业、渔业的科研成果和实用技术，包括良种的繁育、施用肥料、病虫害防治、栽培和养殖技术，农副产品加工、保鲜、储运技术，农业机械技术和农用航空技术，农田水利、土壤改良与水土保持技术，农

村供水、农村能源利用和农业环境保护技术，农业气象技术以及农业经营管理技术等和实用技术。

3.4.5.1 政府对技术推广的资金支持

当地政府部门应对基层农业技术给予了高度的重视，提供了更多的资金支持，为农业技术的推广提供更多的机会，改善推广的实际条件，强化基层农业技术推广工作开展的效率，选择多渠道方式开展推广工作，将投资与融资考虑其中，以此来高效推广基层农业技术。

3.4.5.2 优化基层农业技术的推广体系

对于农业来说，基层农业技术推广工作很是关键，其决定着基层农业发展的实效性。现阶段，完善与优化基层农业技术推广体系，及时购置一定的技术推广设备，将信息化技术应用融入其中，以网络信息技术为重要载体，将基层农业技术作为重要的传播资源，以网页推送、消息推动等方式推送信息，或者在农业站设立自己的公众号，将基层农业技术作为其中的一项栏目，例如，关注该微信公众号即可获得理想的技术知识与服务内容，让农户真正认识到新型农业技术的价值，进而刺激农户学习与应用基层农业技术相关知识的积极性是地方政府需要重点关注的方面。此外，地方政府应设置多种服务模式，以上门服务、电话、邮件等形式给农户答疑解惑，实现虚拟与实际两种推广模式的双向结合，提高基层农业技术的推广水平。

3.4.5.3 加强技术推广人才队伍的构建

为确保农业技术推广工作的开展，地方政府应打造专业、高素质的人才队伍，人才必须满足技术推广的要求，选择对口人才、及时补充与扩充复合型人才，以实现基层农业技术的全面推广，为技术推广工作提供重要的人才资源，是地方政府的重点工作之一。农业推广人员不仅仅要具备一定的技术推广知识，还要熟练掌握计算机操作技术，能熟练掌握QQ、微信、微博、论坛、贴吧等多种分享平台的操作技巧，同时具备高度的服务意识与态度，可为农户讲解重要技术的知识，并提供相应的服务。

3.4.6 改善农业装备

现代农业装备是指用于现代农业生产过程的先进农业机械、设备和设施，主要包括农业田间作业机械、设施农业装备、农产品加工装备、农业生物利用装备、农田设施与装备、农业信息化装备等。

改善农业装备是建设智慧农业的重要内容。现代农业的发展需要提升农机化水平，拓宽农机化服务领域，具体的措施如图 3-14 所示。

1 要认真落实农机购置补贴政策，以高效发展农业，努力提高现代农业建设的水平，积极探索农机化发展扶持政策体系的建设

2 要围绕农业结构调整，加快农机结构的优化配置，提高农业机械的科技含量，加快推进主要农作物的生产机械化，特别是粮食作物的全程系列化机械作业

3 要扩大农机作业服务领域，建立健全服务网络，发展蔬菜、瓜果、园艺、暖棚等具有竞争力的产业，研发和推广科技含量高、有利于提质增效的农业机械设备

4 加强农机法治化建设，不断提高农机安全和质量监管水平。以创建“四有”（有良好机制、有较多机具、有服务规模、有综合效益）农机服务合作组织为抓手，做大、做强农机服务产业，促进农机增收队伍素质的提升

5 积极推进农机技术创新，努力提升农机科技化水平。尤其是要围绕建设节约型社会，大力发展环保节约型农机化建设

6 切实抓好农机管理、科技和技术工人三支队伍建设，进一步提高农机队伍的素质

图3-14 改善农业装备的措施

3.5 智慧农业项目建设落地方案

“智慧农业”系统及其整体解决方案是智慧农业方针、政策等应用到具体省市、

项目中的实施方案。

智慧农业顶层设计方案是根据农业、畜牧业及林业生产的实际需求及现代网络发展的现状，采用统一规划的方式制订的。其旨在建设统一的资源数据系统以及统一的平台，通过分部门实施、分系统建设的方式，提供统一的集成服务，并综合应用互联网、移动互联网、云计算、物联网、智能控制、智能决策、精准农业、卫星遥感等现代信息技术，导入先进的管理机制和经营模式，建立农业综合管理及服务信息系统，从而实现农业生产信息化、农业经营信息化、农业管理信息化和农业服务信息化的目标。它通过全产业链规划和全价值链考虑，融通城乡，达到提升政府部门监管与决策效率、提升面向三农的服务能力、强化农业企业生产经营管理能力、提升农民获取知识信息实现科学种、养的能力的目的，从而助力高效低碳、安全绿色、环保宜居、可持续发展的实现。

智慧农业顶层解决方案通常包括以下几个方面的内容：

① 智慧农业建设目标；

② 智慧农业建设内容；

③ 总体功能（总体框架）；

④ 智慧农业体系建设；

⑤ 投资预算。

某公司提供的智慧农业（市/县/园区）解决方案

智慧农业（市/县/园区）解决方案适用于市域、县域以及农业园区，方案总体包括智慧农业指挥决策中心、三个门户、一个云服务平台、一个农业物联网云数据中心。

① 智慧农业指挥决策中心：建立（市/县/园区）智慧农业指挥决策中心，实现生产监督、数据分析、决策指挥、预警发布等功能。

② 门户：政府业务门户、互联网应用门户、智慧农业微信端门户。

③ 智慧农业云平台：农业信息、物联网应用、农产品质量安全、农产品电子商务等服务内容。

④ 农业物联网云数据中心：建立基于物联网和互联网的采集体系，建设农业大数据，提供数据分析服务。

智慧农业（市/县/园区）解决方案框架如图 3-15 所示。

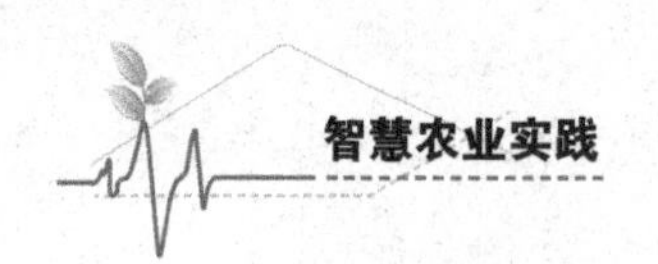

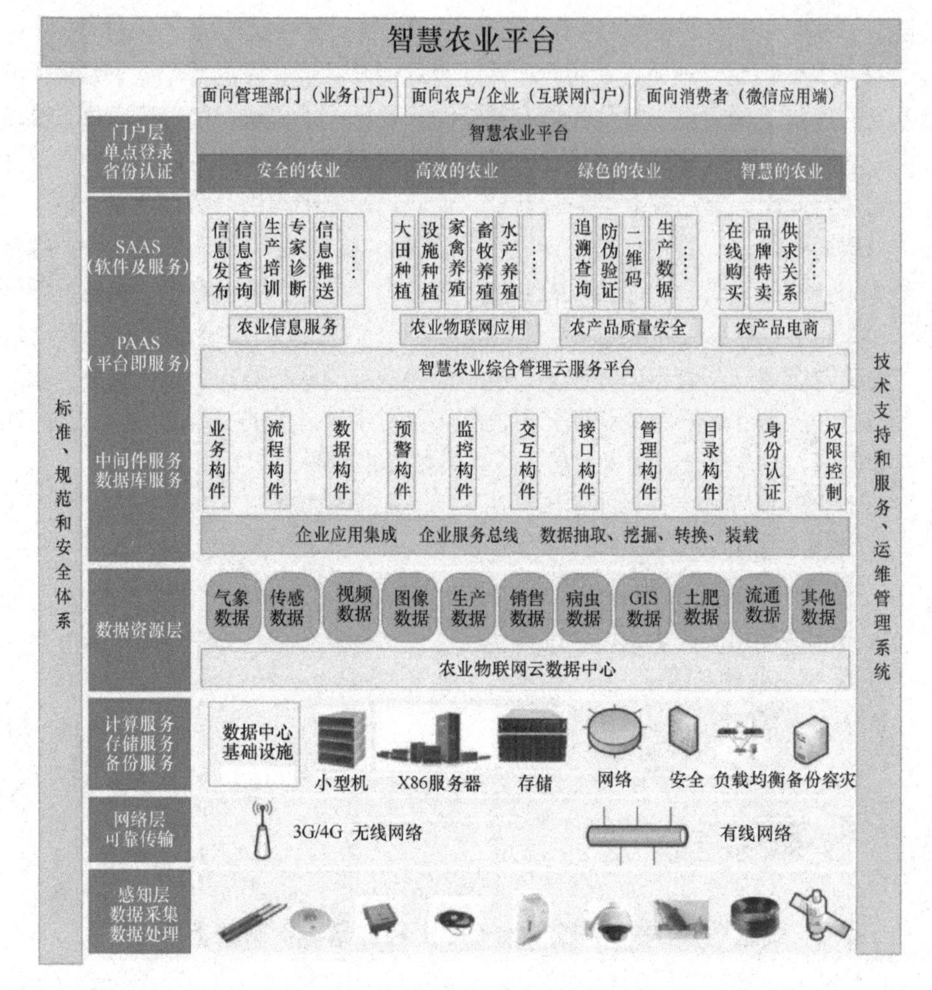

图3-15 智慧农业（市/县/园区）解决方案框架

借力顶层设计，打造智慧农业——海南石山互联网农业小镇

石山互联网农业小镇位于海南，是海南省首个互联网农业小镇。石山互联网农业小镇以镇为中心，以镇带村、村镇联动，引领农民火速“触网”，倒逼农业产业结构转型升级。

目前，石山镇基本实现了“4G 到村、光纤到户、终端到人、重点区域 Wi-Fi 全覆盖”的目标，将互联网引入农民的生产生活中。石山镇还建设火山石斛、火山富硒荔枝王等 6 个产业园区，加速了火山风情全域旅游建设，打造了“火山公社”电商平台，带动了农村电子商务的快速发展。石山镇通过现场竞拍、期货订单、股权众筹等模式，开展线上和线下的联动销售，近两年来销售额超过 2 亿元。

石山镇启动“互联网农业小镇”项目的时间虽然不长，但效果却很惊人，它带给人们一种全新的感官体验和思维启迪。互联网农业小镇作为新型城镇化的基本载体，为城镇、乡村、社区、街道、开发园区等广泛采用“互联网 +”提供了解决方案，实现了基础设施、政务、民生、产业、安全等与互联网的连接与融合，对全面提升社会治理水平、政务服务能力、经济发展活力、居民生活品质提供了有力支撑。

海口市相关负责人介绍，石山互联网农业小镇建设之所以取得令人瞩目的成果，主要得益于六大发展策略。

1. 破除体制机制障碍，实现创新发展

（1）解放思想，推动行政体制改革

以“镇的建制、城的功能、市的职能”为方向，秀英区主动作为，推动石山镇成为全国经济发达镇行政管理体制改革试点单位，结合互联网小镇建设的需要，石山镇转变职能、简政放权，初步搭建新型基层政府架构。目前，石山镇的行政体制改革已基本完成，在体制机制上保障了石山互联网小镇的建设与发展。

（2）创新模式，抓好综合平台建设

石山镇探索提出了“1+2+*N*”的互联网农业小镇发展新模式。“1”是指搭建一个互联网农业综合运行平台，它构成了整个互联网农业小镇的运行体系；“2”是指运营管控中心和大数据中心两个中心，它们管控整个互联网小镇并提供相应服务。“*N*”是指参与互联网农业小镇建设的企业、机构、组织以及具有生产运营能力的农户等若干个应用单元，它们构成了石山互联网农业小镇最具活力的生产要素。

同时，秀英区按照“以镇带村、镇村融合发展”的思路，建设了集综合管理和大数据于一体的镇级运营中心，加大对全镇的产业管理服务辐射；

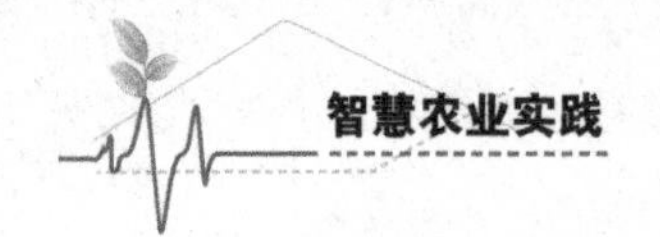

在各村（居）委会建设村级服务中心，将互联网向农村、农户延伸，为农产品的销售推广等提供全方位的服务。

2. 构建现代产业体系，实现协调发展

（1）建设火山特色精品农业，夯实产业支撑

一是石山镇编制了农业产业发展规划，投入专项扶持资金3100万元，引进社会企业并鼓励农户大力发展石斛、金银花、诺丽果、辣木、黑豆、芝麻等特优农产品种植和黑山羊、小黄牛、山鸡等健康养殖业；大力发展智慧农业，推进10个物联网生产示范基地建设；石山镇已建设石斛、壅羊、荔枝园区。二是包装、打造了一批石山镇互联网农业名优产品，按照互联网思维，采取“泛石山”的概念，农业产品覆盖全岛的精品农业。三是同海南省拍拍看等企业合作开发了农副产品防伪标识系统、溯源管理系统，聘用23名检测员监控管理农业产业园内农产品生产、加工各个环节，逐步建立从农资到产品、从生产到销售的农产品质量安全溯源体系，确保食品安全。

（2）推进火山风情全域旅游，实现农业与旅游业的融合发展

第一，点线面结合，推进以火山口地质公园、石山镇墟、石斛观光园、开心农场、互联网火山民宿、人民骑兵营、昌道乡村文创旅游社区、火山大道景观等为核心景点的全域旅游项目，并将石山棚改造与火山口5A级景区改造充分融合，推进镇墟旅游化改造，初步形成了火山风情旅游带。

第二，以旅游标准改造现有生产示范基地，建设智能化菜篮子产业园、火山玫瑰特色风情产业园和三角梅标准化种植示范基地。

第三，连续两年举办“走进羊山感受秀英生态美”乡村旅游月活动，成功举办首届海口火山自行车文化节。石山镇通过民俗文化展演、环火山风情旅游带骑行及火山口古法美食厨艺大比拼等活动，推进旅游、文化与农业的深度融合，打响了火山旅游品牌。

第四，制订了石山乡村文化建设方案，进一步挖掘石山镇的传统八音、白玉蟾历史、乡贤文化以及新时期新农村的文化内涵，定期组织开展乡土文化秀，大力宣传火山文化，提升石山文化底蕴。

第五，结合美丽乡村建设，推行“企业＋村民”的管理模式，打造了一批火山风情民宿。

第六，建设全域旅游电子导览系统，与中国移动物联网公司合作建设美社村、人民骑兵营等 4 个智能讲解试点。

3. 打造生态文明示范，实现绿色发展

（1）落细落小推进“双创”

石山镇被列为双创示范镇，强力推进违法建筑、环境卫生等“八抓八整治”专项工作，目前取得了阶段性成效。

（2）打造生态文明示范镇

第一，石山镇被打造成“无违示范镇”，落实防违、控违“五个全覆盖”；同时，注重疏导结合，试点开展私宅报建，推行“四免一奖”的报建政策，在疏导群众合法报建的同时管控石山镇的民居特色风貌，已核发《乡村规划建设许可证》223 宗。

第二，着力开展美丽乡村建设，完成施茶村等 8 个文明生态村的建设，农村人居环境、基础设施条件明显改善。

第三，投资 1100 万元用于火山口大道景观的改造，实施绿化、美化、彩化、亮化工程，着力打造花园小镇。

4. 着力实现合作共赢，实现开放发展

（1）搭建互联网运营平台

石山镇与中国电信、中国移动、中海网农、朗坤集团等单位及当地村委会合作建立了镇级运营中心和 10 个村级服务中心，投入 4329 万元用于互联网基础设施建设，建设 115 个基站，覆盖全部 12 个村（居）委会，光纤入户 3990 户，“镇级运营 + 村级服务”的运营模式初步形成。

（2）建设展销合作交流平台

石山镇以荔枝等众筹项目为切入点，启动荔枝、石山壅羊、石斛等 10 个众筹项目，推行农业期货，通过与消费者精准对接，减少中间环节，带动泛石山地区订单农业发展。

（3）建设创业创新示范基地

石山镇营造创业创新的浓厚氛围，组织开展农民培训 30 多场，选派 120 名青年农民到省农业学校进行专门的互联网知识培训；搭建石山互联网农业小镇青创中心、火山口众创咖啡厅等创业交流平台，助力农民创业者实现创业梦想。目前，返乡创业大学生已有 100 多名。

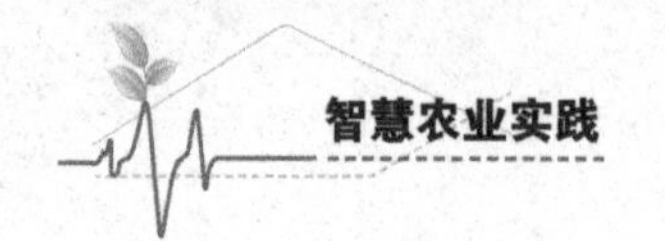

5. 推进镇域整体发展，实现共享发展

（1）精准提升，推动互联网便民服务发展

依托互联网运营管控中心和大数据中心，秀英区开发了电子政务、网上服务等项目，让农民足不出户就能享受更为便捷的政务服务；同时运用互联网信息对全镇 9787 户、42109 人开展精准帮扶工作，进一步整合农户土地、就业、农产品与教育、医疗、社保等公共资源，实现精准识别、精准施策、精准脱贫，整村推进农民脱贫致富。

（2）整合资源，提升石山特色农产品市场竞争力

石山镇成立石山互联网农业产业联盟，实现“抱团”发展；同时，将原来难以整合的各类农产品资源组织起来，统一进行包装策划、品牌推广、物流服务，实现农产品标准化、规模化、品牌化的转型，带动了电子商务的快速发展。

6. 筑强基层战斗堡垒，为小镇建设提供强大的组织保障

将基层党建工作与“互联网 +”、农民增收、文明生态村建设等工作相结合，打开党建工作新格局，筑强了基层战斗堡垒。一是全面调查摸底选情，提前做到底数明、情况清，确保把年富力强、德才兼备、群众拥护的优秀人才选出来，为推进石山的经济发展提供坚强的组织基础和人才保证；二是大力弘扬“洪庆芝”精神，扎实开展“两学一做”学习教育，持续改进基层干部作风，推动全面从严治党的要求在互联网农业小镇一线阵地落地生根。

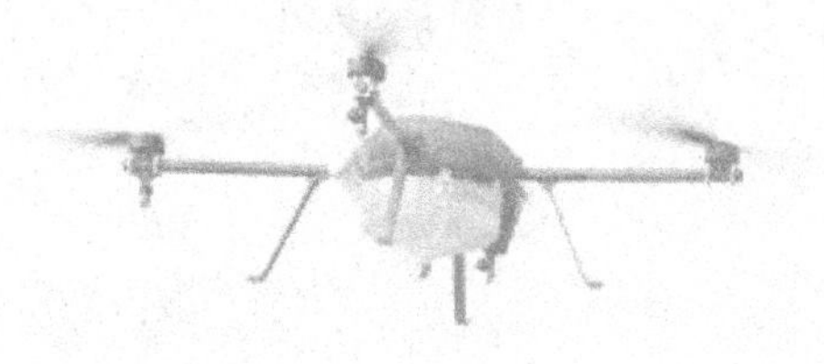

第4章

智慧农业之农业物联网

智慧农业充分利用信息技术（包括更透彻的感知技术、更广泛的互联互通技术和更深入的智能化技术）使得农业系统的运转更加有效、智慧。

支撑智慧农业的正是农业物联网技术。智慧农业将农业物联网技术合理运用在农业产业经营、管理和服务中，将各类传感器广泛地应用于采集大田种植、设施园艺、畜禽水产养殖和农产品物流等农业相关信息；再通过建立数据传输和格式转换方法，实现农业信息的多尺度（ 视域、区域、地域）传输，最后融合、处理获取的海量农业信息，并通过智能化操作终端实现对于农业产前、产中、产后过程的全方位监控，提供科学管理和即时服务，准确把握农业产业未来的发展趋势。

物联网的发展为我国农业智慧化建设提供了前所未有的机遇，也必将深刻影响现代农业的未来发展。

4.1 关于物联网

4.1.1 物联网的定义

物联网就是物物相连的互联网，它是基于互联网、电信网等信息承载体，让所有能被独立寻址的普通物理对象实现互联互通的网络。

通俗地讲，物联网是指各类传感器、RFID 和现有的互联网相互衔接而形成的一种新技术。物联网以互联网为平台，在多学科、多技术融合的基础上，实现了信息聚合和泛在网络。物联网有以下两层含义。

第一，物联网的核心和基础仍然是互联网（网络具有泛在性和信息聚合性，如图 4-1 所示），它是在互联网基础上的延伸和扩展。

第二，物联网的客户端延伸到了物品与物品之间，方便了它们进行信息交换和通信。

物联网是下一代互联网的发展和延伸，因为它与人类生活密切相关，因此被誉为继计算机、互联网与移动通信网之后的又一次信息产业浪潮。

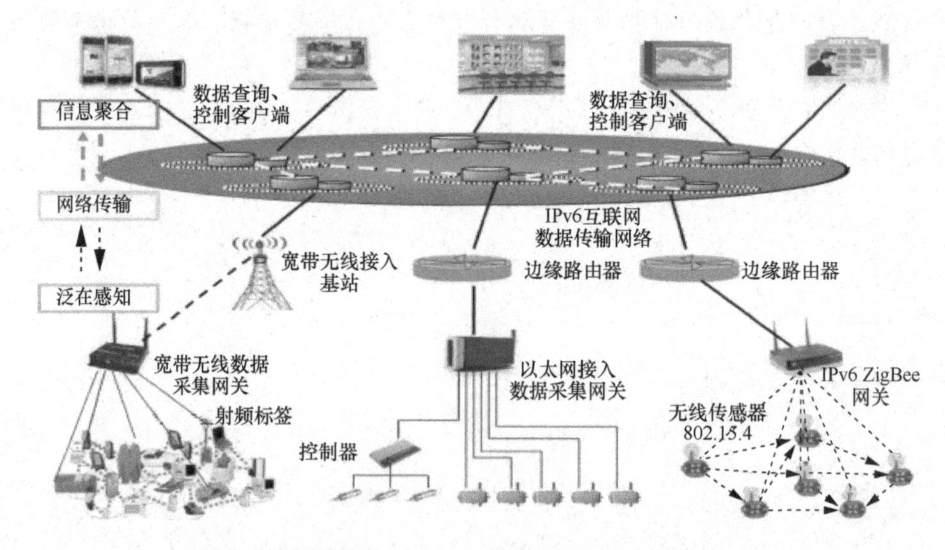

图4-1　物联网产业链——网络泛在性和信息聚合性

4.1.2 物联网的体系结构

物联网的体系结构如图 4-2 所示，它分为感知层、网络层和应用层。

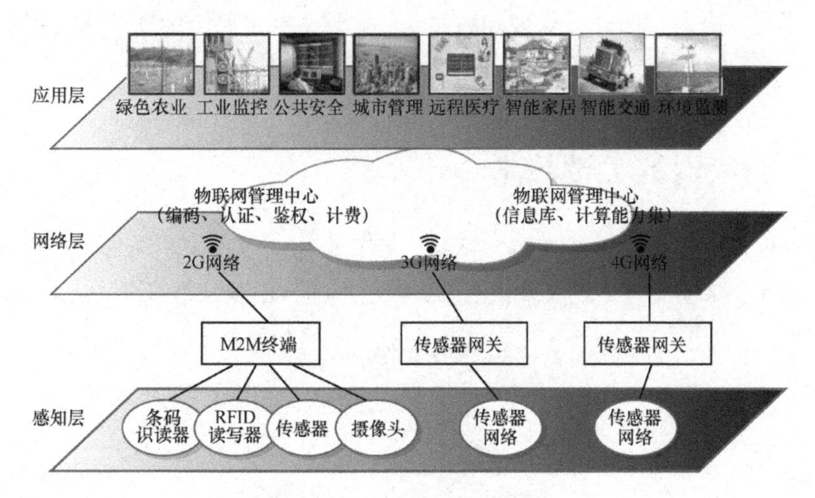

图4-2 物联网的体系结构

4.1.2.1 感知层

感知层相当于人体的皮肤和五官，是主要用于识别物体，采集信息的工具，具体包括二维码标签和识读器、RFID 标签和读写器、摄像头、传感器及传感器网络等。

感知层要解决的重点问题是对物体的感知和识别，通过 RFID、传感器、智能卡、识别码、二维码等对感兴趣的信息进行大规模、分布式地采集，并对其进行智能化识别，然后通过接入设备将获取的信息与网络中的相关单元进行资源共享与交互。

4.1.2.2 网络层

网络层相当于人体的神经中枢和大脑，主要用于传递和处理信息，包括通信与互联网的融合网络、物联网管理中心、物联网信息中心和智能处理中心等。

网络层主要用于信息的传输，即通过现有的三网（互联网、广电网、通信网）或者下一代网络（Next Generation Networks，NGN），实现数据的传输和计算。

4.1.2.3 应用层

应用层相当于人类的社会分工，它与行业需求结合，实现业务的广泛智能化，是物联网与行业专用技术的深度融合。

应用层完成信息的分析处理和决策，并实现或完成特定的智能化应用和服务任务，以实现物与物、人与物之间的识别与感知，最终发挥智能作用。

4.1.3 物联网的关键技术

物联网产业链可细分为标识、感知、处理和信息传送 4 个环节，因此，物联网每个环节主要涉及的关键技术包括以下 4 个方面，如图 4-3 所示。

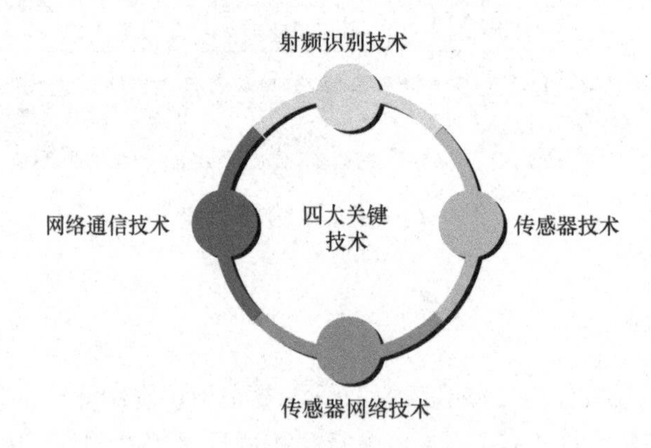

图4-3 物联网的四大关键技术

4.1.3.1 RFID（射频识别）技术

RFID 是一种非接触式的自动识别技术，具有读取距离远（可达数十米）、读取速度快、穿透能力强（可透过包装箱直接读取信息）、无磨损、非接触、抗污染、效率高（可同时处理多个标签）、数据储存量大等特点，是唯一可以实现多目标识别的自动识别技术，并可在各种恶劣环境下工作。RFID 系统一般由 RFID 电子标签、读写器和信息处理系统组成。当带有电子标签的物品通过含有特定信息的读写器时，标签被读写器激活并通过无线电波把携带的信息传送到读写器以及信息处理系统中，完成信息的自动采集工作，而信息处理系统则根据需求承担相应的信息控制和处理工作。

现在 RFID 已正式被应用在农畜产品的安全生产监控、动物识别与跟踪、农畜精细化生产、畜产品精细化养殖、农产品物流与包装等流程中。

4.1.3.2 传感器技术

传感器负责采集物联网信息，是物体感知物质世界的“感觉器官”，是物体对现实世界进行感知的基础，也是物联网服务和应用的基础。传感器通常由敏感元件和转换元件组成，可通过声、光、电、热、力、位移、湿度等信号来感知信息，并为物联网采集、分析、反馈最原始的信息。

4.1.3.3 传感器网络技术

传感器网络技术综合了传感器技术、嵌入式计算技术、现代网络及无线通信技术、分布式信息处理技术等，通过各类集成化微型传感器的协作以实时监测、感知和采集各种环境或监测对象的信息，最后，通过随机自组织无线通信网络以多跳（multihop）中继方式将这些感知的信息传送到用户终端，从而实现“无处不在的计算”的理念。传感器网络通常由传感器节点、接收发送器、Internet或通信卫星、任务管理节点等构成，如图4-4所示。

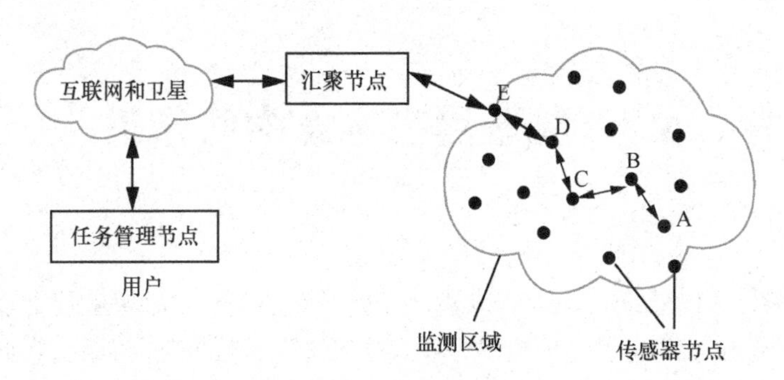

图4-4 传感器网络结构图示

4.1.3.4 网络通信技术

传感器的网络通信技术为物联网数据提供传送通道，而如何在现有网络上增强该通道，使之适应物联网的业务需求（低数据率、低移动性等）则是现在物联网研究的重点。传感器的网络通信技术分为近距离通信和广域网络通信技术两类。

常见的传感器网络相关通信技术有蓝牙、IrDA、Wi-Fi、ZigBee、RFID、UWB、4FC、WirelessHart等。

4.1.4 物联网发展现状

全球物联网应用正处于起步阶段，物联网应用仍以闭环应用居多，其中大多是在特定行业或企业里的闭环应用，但闭环应用是开环应用的基础，只有闭环应用形成规模并进行互联互通，不同领域、行业或企业之间的开环应用才能实现。

目前，物联网在各行业领域的应用仍以点状出现，覆盖面较大、影响范围较广的物联网应用案例依然非常少，不过随着世界主要国家和地区政府的大力推动，以点带面、以行业应用带动物联网产业的局面正在逐步呈现。

我国的物联网应用总体上处于发展初期，许多领域虽然积极开展了物联网的应用探索与试点，但在应用水平上与发达国家仍有一定的差距。目前我国已开展了一系列试点和示范项目，在电网、交通、物流、智能家居、节能环保、工业自动控制、医疗卫生、精细化农牧业、金融服务业、公共安全等领域取得了初步进展。

4.2 物联网在农业中的作用

物联网是指以感知、识别、传递、分析、测控等技术手段实现智能化活动的新一代信息化技术。它通过传感器等方式获取物理世界的各种信息，结合互联网、移动通信网等网络进行信息的传送与交互，从而提高对物质世界的感知能力，实现智能化的决策和控制。因此，物联网在农业领域的广泛应用，既是智慧农业发展的重要内容，也是现代农业发展的强大技术支撑，同时，智慧农业的发展也将为物联网技术在农业领域的应用提供无限广阔的市场。

4.2.1 物联网技术引领现代农业发展方向

智能装备是农业现代化的一个重要标志，物联网等技术是实现农业集约、高效、安全的重要支撑。在农业中广泛应用这些技术，可保证农业生产资源、生产过程、流通过程等环节的信息被实时获取和共享，以保证农业的产前规划正确以提高资源的利用效率；农业生产中精细化管理可提高生产效率，从而实现节本增效；产后农产品可实现高效流通，同时农业物联网技术安全追溯的发展也可实现。这些技术将会解决一系列关于广域空间信息的获取、高效可靠的信息传输与互联、面向不同应用需求和不同应用环境的智能决策系统集成等的科学技术问题，也将是促进传统农业向现代农业转变的助推器和加速器，也将为与物联网农业应用相关的新兴技术和服务产业的发展提供无限的商机。农业物联网在提升农业智慧化水平，推动农业现代化的进程中将具有广阔的应用前景。

4.2.2 物联网技术推动农业信息化、智能化

物联网使用各种感应芯片和传感器，广泛地采集人和自然界的各种属性信息，然后借助有线、无线和互联网络，实现各级政府管理者、农民、农业科技人员等“人与人”的联结，甚至实现土、肥、水、气，作物、仓储和物流等“人与物”的联结以及农业数字化机械、自动温室控制、自然灾害监测预警等“物与物”之间的联结，并促进即时感知、互联互通和高度智能化的实现。

4.2.3 物联网技术提高农业精准化管理水平

从农产品生产的不同阶段来看，农作物种植的培育阶段和收获阶段都可被纳入物联网技术来提高生产者的工作效率和精细化管理水平，具体如图 4-5 所示。

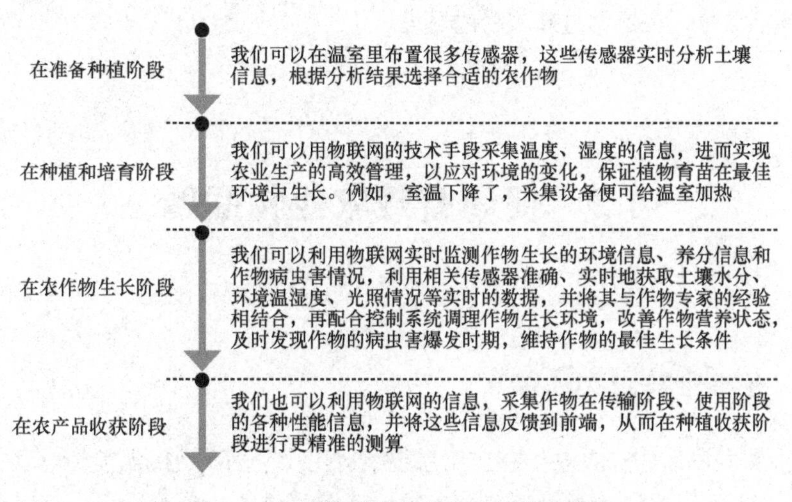

图4-5 不同阶段实施的精细化管理策略

4.2.4 物联网技术提高效率、节省人工

现实操作中，生产者要对各大棚的作物进行浇水、施肥、手工加温、手工卷帘这需要耗费大量的时间和人力。如果农场应用了物联网技术，生产者手动控制鼠标操作电脑完成对作物生长过程的监测，那么人力将获得极大解放。

4.2.5 物联网技术保障农产品和食品安全

农产品和食品流通领域集成应用电子标签、条码、传感器网络、移动通信网络和计算机网络等农产品和食品溯源系统，可推动农产品的质量跟踪、溯源和可视数字化管理的实现。该系统智能监控农产品从田间到餐桌、从生产到销售的全过程，可实现农产品和食品质量安全信息在不同供应链主体之间的无缝衔接，不仅促进农产品和食品的数字化物流的实现，也可大大提高农产品和食品的质量。

4.2.6 物联网技术推动新农村建设

互联网长距离信息传输与接近终端小范围无线传感节点的结合，可解决农村信息落脚点的问题，真正让信息进村入户，把农村远程教育培训、数字图书馆推送到偏远村庄，缩小城乡的数字鸿沟，加快农村科技文化的普及速度，提高农村人口的生活质量，加快推进新农村的建设。

4.3 何谓智慧农业物联网

4.3.1 农业物联网的含义

农业物联网，即在农业生态控制系统中运用物联网系统的温度传感器、湿度传感器、pH 值传感器、光传感器、CO_2 传感器等设备，检测环境中的温度、相对湿度、pH 值、光照强度、土壤养分、CO_2 浓度等物理量的参数，通过各种仪

器仪表实时显示这些参数，并将这些参数作为自动控制的参变量使其参与到自动控制中，保证农作物有一个良好的、适宜的生长环境。技术人员在办公室就能监测并控制农作物的生长环境，也可以采用无线网络测量获得作物生长的最佳条件，为精准调控提供科学依据，实现增产、改善品质、调节生长周期、提高经济效益的目的，如图 4-6 所示。

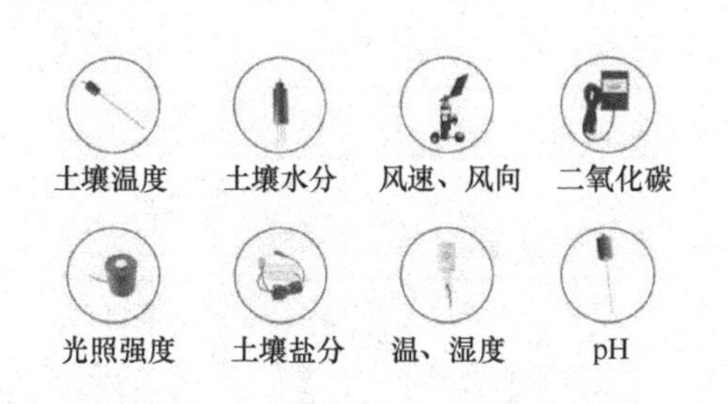

图4-6 运用农业物联网获得的信息

4.3.2 发展农业物联网的优势

发展农业物联网的优势如图 4-7 所示。

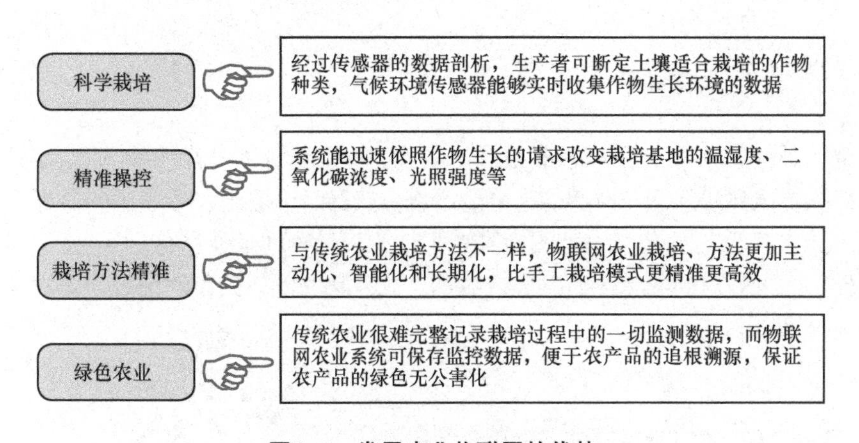

图4-7 发展农业物联网的优势

4.3.3 智慧农业系统中的物联网架构

通常情况下，应用在智慧农业系统的物联网架构包括物联网感知层、物联网传输层和物联网应用层 3 个层次，如图 4-8 所示。

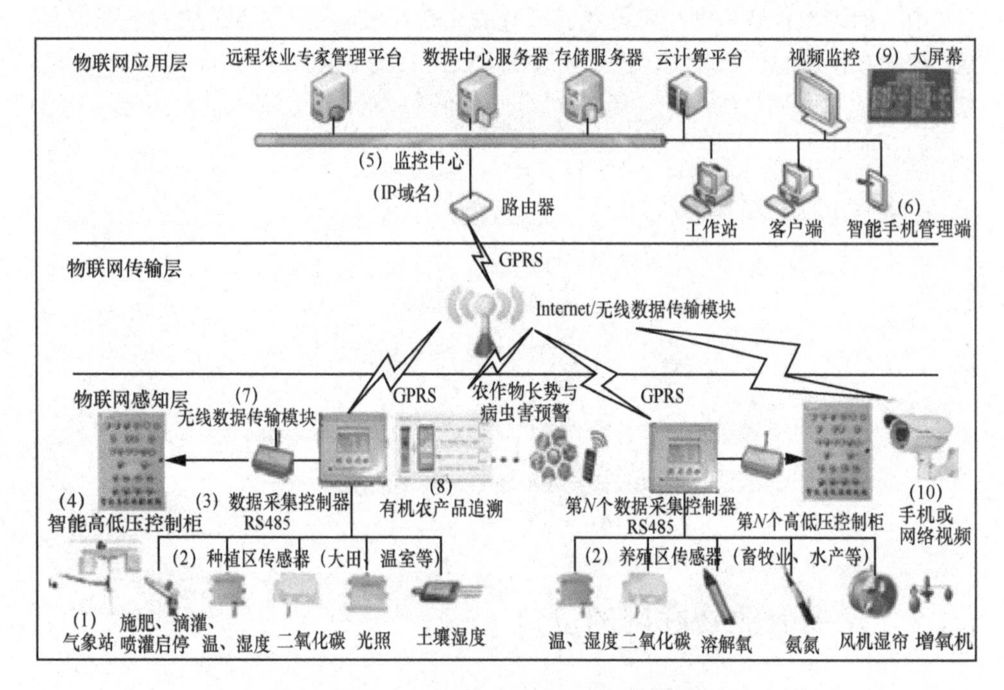

图4-8　智慧农业系统物联网架构

4.3.3.1　物联网感知层

物联网感知层由各种传感器组成，如温、湿度传感器、光照传感器、二氧化碳传感器、风向传感器、风速传感器、雨量传感器、土壤温、湿度传感器等。

该层的主要任务是将大范围内农业生产的各种物理量通过各种手段，实时自动地转化为可处理的数字化信息或者数据。农业物联网所采集的信息主要有 4 类，如图 4-9 所示。

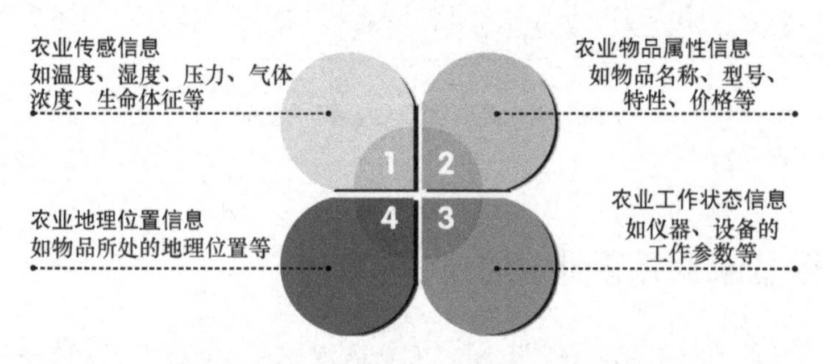

图4-9　农业物联网所采集的信息类别

信息采集层的主要任务是标记各种信息，并通过传感等手段，采集这些标记的信息和现实世界的物理信息，并将其转化为可供处理的数字化信息。

信息采集层涉及的技术和设备有：二维码标签和识读器、RFID 标签和读写器、摄像头、GPS、传感器、终端、传感器网络等。

4.3.3.2 物联网传输层

物联网传输层由互联网、广电网、网络管理系统和云计算平台等各种网络组成。

该层的主要任务是将采集层采集到的农业信息，通过各种网络技术汇总，并将大范围内的农业信息整合到一起。信息汇总涉及的技术有有线网络、无线网络等。

4.3.3.3 物联网应用层

物联网应用层是物联网和用户的接口，它与行业需求结合，实现物联网的智能应用。

该层的主要任务是汇总信息，并将汇总而来的信息进行分析和处理，从而将现实世界的实时情况转化成数字化的认知。

应用层是农业物联网的"社会分工"，它与农业行业需求结合，实现了广泛的智能化。

4.3.4 智慧农业物联网的应用范围

物联网技术在现代农业领域的应用很多，如农业生产环境信息的监测与调控，农产品质量的安全溯源，动、植物的远程诊断，农业信息化，农业大棚标准化生产监控，农业自动化节水灌溉等。

4.3.4.1 农业生产环境信息监测与调控

农业大棚、养殖池及养殖场内设置了温度、湿度、pH 值、CO_2 浓度等无线传感器及其他智能控制系统，这些系统利用无线传感器网络实时监测温度、湿度等变化来获得作物、动物生长的最佳条件，为大棚、养殖场精确调控参数提供科学依据。同时，这些参数通过移动通信网络或互联网被传输至监控中心，形成数据图，农业人员可随时通过手机或电脑获得生产环境的各项参数，并根据参数变化，适时调控灌溉系统、保温系统等基础设施，从而获得动植物生长的最佳条件；参数实时在线显示，真正实现"在家也能种田和养殖"的目标。

4.3.4.2 农产品质量安全溯源

农产品质量安全事关人民健康和生命安全，事关经济发展和社会稳定，农产品的质量安全和溯源已成为农产品生产中一个广受关注的热点。农业生产应用物联网技术可加强对农产品整个生产流程的监管，将食品安全隐患降至最低，为食品安全保驾护航。

目前，国内已出现“食品安全溯源系统”，该系统集成应用电子标签、条码技术、传感器网络、移动通信网络和计算机网络等技术，实现农产品质量跟踪和溯源，它主要由企业管理信息系统、农产品质量安全溯源平台和超市终端查询系统等功能块组成。消费者可通过电子触摸查询屏和带条码识别系统的手机查询农产品生产者或与质量安全相关的信息，也可上网查询了解更详细的农产品质量安全信息，从而实现农产品从生产、加工、运输、储存到销售等整个供应链的全过程质量追溯，最终形成“生产有记录、流向可追踪、信息可查询、质量可追溯”的农产品质量监督管理体系。

4.3.4.3 农业信息化

农业生产智能管理系统在各个农作物领域应用传感器，比如土壤水肥含量传感器、动物养殖芯片、农产品质量追溯标签、农村社区动态监控等，自动采集数据，为生产者的科学预测和管理提供依据。

4.3.4.4 动、植物远程诊断

农村偏远山区普遍存在种养殖分散、作物病虫害及畜禽病害发生频繁、基层植保及畜牧专家队伍少、现场诊治不方便等问题，而物联网技术的出现可解决上述难题。

大唐电信推出了针对农业种植、养殖生产过程监控和灾害防治专项应用的无线视频监控产品——农业远程诊断系统。该系统由前端设备、2G/3G/4G 无线通信传输网络、专家诊断平台和农业专家团队构成。前端设备支持多种传感器接口，同时支持音频、视频流功能，可以有效地为农业专家提供第一手的现场专业数据；此外，农业专家还可通过 PC 终端登录该系统，实现远程控制灌溉等操作，这为农村、农业领域缺乏专家的现状提供了解决思路。该系统已在山东寿光农业基地得到良好应用。

4.3.4.5 农产品储运

在农产品的储运过程中，储运环境（温度、湿度等）与农产品的品质变化密切相关。研究表明：我国水果、蔬菜等农副产品在采摘、运输、储存等物流环节上的损失率为 25% ~ 30%，而发达国家的果、蔬损失率则在 5%以下。如果能实

时监测储运过程中的环境条件，农产品品质就能得到保证，经济损失也会减少。物联网技术可应用于各个分散的传感器，以实时监测环境中的温度、湿度等参数，并动态监测仓库或保鲜库的环境；在农产品运输阶段可根据位置信息查询和通过视频监控运输车辆等方式及时了解车厢内外的情况，调整车厢内的温湿度，同时还可以对车辆进行防盗处理，一旦车辆出现异常则可自动报警。

4.3.4.6 农业自动化节水灌溉

利用传感器感应土壤的水分并控制灌溉系统以实现自动节水节能，具有高效、低能耗、低投入、多功能的农业节水灌溉平台。

农业灌溉是我国用水较多的领域，其用水量约占全国总用水量的 70%。据统计，因干旱，我国粮食每年平均受灾面积达两千万公顷（1 公顷 =1000 平方米），损失的粮食占全国因灾减产粮食的 50%。长期以来，由于技术、管理水平落后，灌溉用水的浪费十分严重，农业灌溉用水的利用率仅为 40%。如果农业生产应用选进技术，可通过监测土壤墒情信息实时控制灌溉时机和水量，用水效率便可以有效提高。但人工定时测量墒情，不但人力耗费巨大，也做不到实时监控；采用有线测控系统，则需要较高的布线成本，不便于扩展，而且给农田耕作带来不便。因此，一种基于无线传感器网络的节水灌溉控制系统便出现了，该系统主要由低功耗无线传感网络节点通过 ZigBee 自组网方式构成，避免了有线测控系统布线的不便、灵活性较差的缺点，从而实现了土壤墒情的连续在线监测。农田节水灌溉的自动化控制既可提高灌溉用水利用率，缓解我国水资源日趋紧张的矛盾，也可为作物生长提供良好的环境。

4.4 农业物联网区域试验工程

农业部明确提出了全面推动农业物联网发展的战略，并相继出台了一系列扶持政策，保障物联网工作在农业发展中能稳步推进和落实。

农业部决定在天津、上海、安徽三省（市）率先启动农业物联网区域试验工程（下称区试工程），支持这三地分别开展试验示范，探索农业物联网的推广应用模式，构建相关理论、技术等体系，并在全国范围内分区、分阶段进行推广应用。农业部还利用财政专项资金重点支持江苏、辽宁等 13 个省（市）围绕各自具有优势的产业和产品，开展农业物联网技术在农业生产经营领域中的应用示范，引导

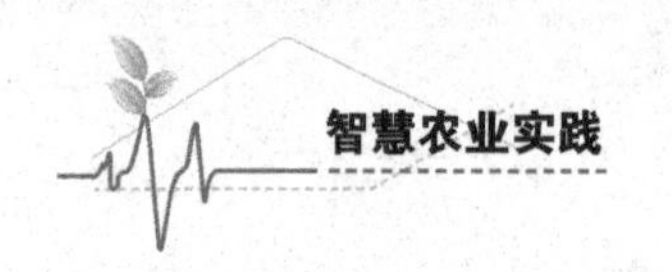

和带动区域农业物联网的发展，为全国统筹协调推进农业物联网的发展积累经验。

4.4.1 农业物联网区域试验工程的目标

农业物联网区域试验工程的目标如图 4-10 所示。

1 开展农业物联网应用理论研究，探索农业物联网应用的主攻方向、重点领域、发展模式及推进路径

2 开展农业物联网技术研发与系统集成，构建农业物联网应用的技术、标准、政策体系

3 构建农业物联网公共服务平台

4 建立中央与地方、政府与市场、产、学、研和多部门协同推进的创新机制和可持续发展的商业模式

5 适时开展的推广应用成功经验模式

图4-10　农业物联网区域试验工程的目标

4.4.2 农业物联网区域试验工程的总体思路

农业物联网区域试验工程的总体思路如下：

① 按照“统一规划、系统设计、领域侧重、统分结合、整体推进、跨越发展”的总体思路组织实施；

② 遵从“先集中规划、后分区试验，先集中建设平台、后组装集成，先试点试验、积累经验后推广应用”的指导思想分步推进实施；

③ 在系统规划设计的同时，支持天津、上海和安徽根据各自经济、社会及农业发展的水平和产业特点，分别以设施农业与水产养殖、农产品质量安全全程监控和农业电子商务推进、大田粮食作物生产监测为重点领域开展试验示范，力图探索形成农业物联网可看、可用、可持续的推广应用模式，逐步构建农业物联网理论体系、技术体系、应用体系、标准体系、组织体系、制度体系和政策体系，并在全国范围内分区、分阶段推广应用。

4.4.3 农业物联网区域试验工程的重点任务

农业物联网区域试验工程有 6 项重点任务，具体如图 4-11 所示。

研究和部署农业物联网公共服务平台	面向农业物联网重大行业应用，重点突破多源信息融合、海量信息分布式管理、智能信息服务等关键技术，构建农业物联网公共服务平台，开展面向农业资源规划与管理、生产过程精准管理、农产品质量安全溯源等领域的共性服务
研究和制订一批农业物联网行业应用标准	联合产、学、研、用单位，研究和编制农业领域条形码（一维码、二维码）、电子标签等的使用规范，制订一批与农业物联网传感器及传感节点、数据采集、应用软件接口、服务对象注册以及面向大田、设施农业、农产品质量安全监管应用等方面相关的标准
中试和熟化一批农业物联网关键技术和装备	围绕区域主导产业，重点中试和熟化动、植物环境（土壤、水、大气）、生命信息（生长、发育、营养、病变、胁迫等）传感器，研制成熟度、营养组分、形态、有害物残留、产品包装标识等传感器，开展农业物联网技术和装备的系统引进和自主研发，加强动、植物生长过程的数字化监测手段和模型研究工作，突破农业物联网的核心和关键技术
形成一批可推广的技术应用模式	针对设施农业与水产养殖、农产品质量安全、农业电子商务、大田粮食作物生产等的监测监控，分别研发系列专用传感、传输、控制等设备，开发相应的软件和管理信息系统，从而构建全程技术体系及可持续发展战略
培育农业物联网产业	按照引进、消化、吸收、再创新的思路，围绕农业物联网的感知识别、数据传输、数据处理、智能控制和信息服务等环节，积极引导和推进农业物联网设备的制造、软件的开发及相关服务的应用，培育一批农业物联网产业化研究基地、中试基地和生产基地，促进农业物联网新兴产业的发展
强化政策、措施研究	总结区试工程经验，研究提出促进农业物联网应用推广的政策建议，积极推动相关政策出台，营造农业物联网发展的良好环境

图4-11 农业物联网区域试验工程的6项重点任务

4.4.4 试验布局

工程围绕天津、上海和安徽的农业特色产业和重点领域，统筹考虑行业及产业链布局，逐步实现物联网技术在农业全产业链的渗透和在试点省市的整体推进。

4.4.4.1 天津设施农业与水产养殖物联网试验区

（1）天津的情况

天津毗邻北京，经济和交通条件好，区位优势明显，设施农业发达，目前拥有高标准设施农业面积 60 万亩（1 亩 ≈ 666.7 平方米），水产养殖面积 62 万亩，规模化水产养殖小区 55 个，蔬菜和水产品的自给率高。

（2）试验重点

天津的试验重点是在现代农业示范基地、龙头企业、农民专业合作社和水产养殖小区等地开展设施农业与水产养殖物联网技术应用示范基地，探索不同种类的农产品、不同类型的农业生产经营主体的农业物联网应用模式；开展农产品批发市场物流信息化管理，探索利用信息技术构建新型农产品流通格局，有效减少交易环节、提高交易效率。

（3）试验应达成的目标

试验应达成的目标如图 4-12 所示。

4.4.4.2 上海农产品质量安全监管试验区

（1）上海的情况

上海是国际化大都市，农产品的来源主要为外阜输入。保证农产品质量安全是一项重大的民生工程，探索应用物联网技术，开展农产品质量安全试验监管，对确保大、中型城市的食品安全具有普遍意义。

（2）试验重点

试验重点是农产品（水稻、绿叶菜等）的生产加工、冷链物流和市场销售等环节的物联网技术的应用，试验借助无线 RFID 技术和条码技术，搭建农产品监管公共服务平台，对农产品生产、流通等环节的全过程进行智能化监控，有效追溯农产品生产、运输、储存、消费全过程的信息。

（3）试验应达成的目标

试验应达成的目标如图 4-13 所示。

1 设施农业与水产养殖环境的信息采集技术和产品的集成应用

选择现代农业示范基地、龙头企业、农民专业合作社和水产养殖小区，探索不同种类的农产品、不同类型的农业生产经营主体的农业物联网技术应用模式和可持续发展的商业模式

2 设施农业生命信息感知技术的引进与创新

积极引进、消化、吸收国外先进的作物生命信息感知技术和设备，实现对于农作物径流、叶面温度、蒸腾量等作物的关键生理、生态信息的在线获取，实现即时灌溉决策与在线营养诊断

3 设施蔬菜病虫害和水产病害特征信息提取与预警防控

融合设施环境、视频、动植物生命感知信息，引进创新设施农业病虫害和水产主要病害特征信息提取技术，实现对于设施农业主要作物的重点病虫害和水产主要病害信息的实时提取与预警以及事前防治与控制

4 探索设施农业物联网应用平台与服务模式

集成现有农业信息服务系统，构建设施农业物联网集成应用服务平台，面向农业主管部门、生产基地、农民专业合作社、基层农技人员、农户等提供多渠道、内容丰富的设施农业与水产养殖物联网应用服务；总结形成可持续、可推广的设施农业与水产养殖物联网应用服务模式

5 建立农产品交易流通平台

以天津韩家墅海吉星农产品批发市场为主体，平台综合利用物联网等现代信息技术，开展农产品质量溯源，实现对于物流、配送、仓储的高效管理，并依托深圳农产品股份有限公司分布在全国的26个农产品批发市场，探索构建“产地装车、销地卸车、网上交易撮合、单品种全国互联互通”的新型农产品流通格局

图4-12 试验目标1

4.4.4.3 安徽大田生产物联网试验区工程

（1）安徽的情况

安徽是典型的农业大省，在安徽开展物联网农业试验区工程对保障国家粮食安全具有重要意义。

（2）试验重点

试验以大田作物“四情”（苗情、墒情、病虫情、灾情）监测服务为重点，通过远程视频监控与先进感知相结合的集成应用，实现对于大田作物全生育期的动态监测预警和生产调度。

（3）试验应达成的目标

试验应达成的目标如图 4-14 所示。

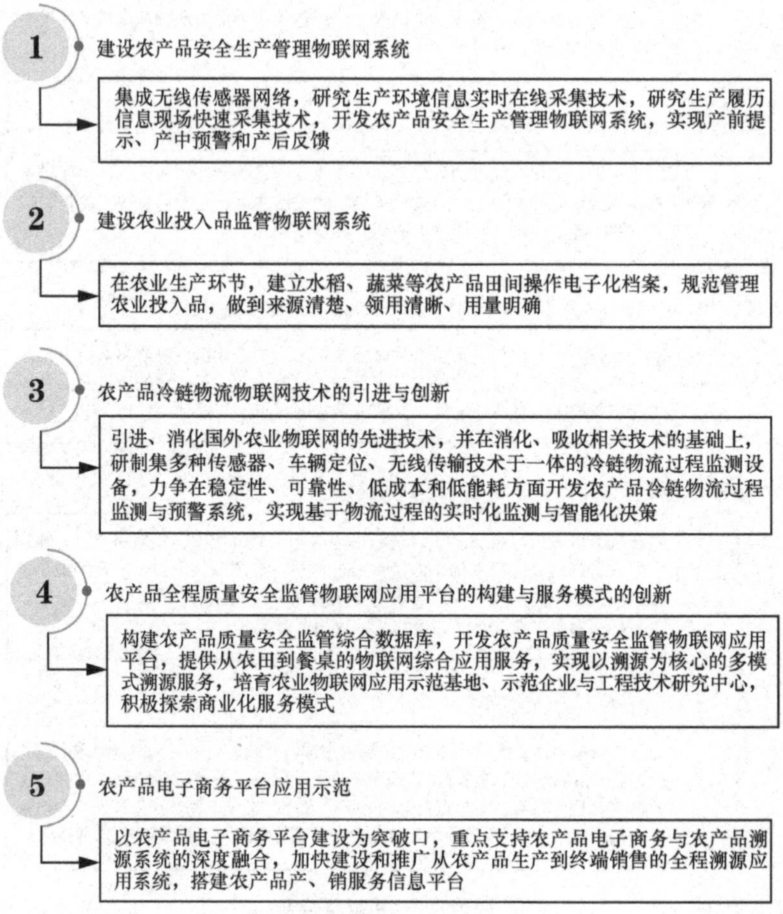

1 建设农产品安全生产管理物联网系统

集成无线传感器网络，研究生产环境信息实时在线采集技术，研究生产履历信息现场快速采集技术，开发农产品安全生产管理物联网系统，实现产前提示、产中预警和产后反馈

2 建设农业投入品监管物联网系统

在农业生产环节，建立水稻、蔬菜等农产品田间操作电子化档案，规范管理农业投入品，做到来源清楚、领用清晰、用量明确

3 农产品冷链物流物联网技术的引进与创新

引进、消化国外农业物联网的先进技术，并在消化、吸收相关技术的基础上，研制集多种传感器、车辆定位、无线传输技术于一体的冷链物流过程监测设备，力争在稳定性、可靠性、低成本和低能耗方面开发农产品冷链物流过程监测与预警系统，实现基于物流过程的实时化监测与智能化决策

4 农产品全程质量安全监管物联网应用平台的构建与服务模式的创新

构建农产品质量安全监管综合数据库，开发农产品质量安全监管物联网应用平台，提供从农田到餐桌的物联网综合应用服务，实现以溯源为核心的多模式溯源服务，培育农业物联网应用示范基地、示范企业与工程技术研究中心，积极探索商业化服务模式

5 农产品电子商务平台应用示范

以农产品电子商务平台建设为突破口，重点支持农产品电子商务与农产品溯源系统的深度融合，加快建设和推广从农产品生产到终端销售的全程溯源应用系统，搭建农产品产、销服务信息平台

图4-13　试验目标2

4.4.5　试点工程的条件保障

4.4.5.1　加强组织领导

为有序、高效推进区试工程任务，试点省（市）必须建立强有力的组织保障体系，具体如图 4-15 所示。

1 建设大田作物农情监测系统

基于传感网的数据采集、集成开发的大田作物农情监测系统能动态、高精度地监测农田生态环境和作物苗情、墒情、病虫情以及灾情

2 建立基于感知数据的大田生产智能决策系统

基于信息采集点感知数据，集成农业生产管理的知识模型，开发大田生产智能决策系统，实现科学施肥、节水灌溉、病虫害预警防治等生产措施的智能化管理

3 建立基于物联网的农机作业质量监控与调度指挥系统

在粮食主产区，基于无线传感、定位导航与地理信息技术，开发农机作业质量监控终端与调度指挥系统，实现农机资源管理、田间作业质量监控和跨区调度指挥

4 构建集成于12316平台的大田生产信息综合服务平台

以12316平台为基础，集成现有信息资源和各类专业服务系统，构建大田生产信息综合服务平台，为农情监测、生产决策、农产品质量安全管理、农机调度、市场监测预警等农业生产经营活动提供全方位的信息服务

5 大田生产物联网技术应用示范区的建设

在小麦、水稻等主产县（市、区）建设大田生产物联网技术应用示范区，开展“四情”监测预警、农业生产管理、农机作业调度等物联网技术应用示范，探索物联网在大田作物生产上的技术应用模式和机制

6 探索农业物联网应用模式

蔬菜、畜牧、渔业、茶叶、水果等产业依托国家级、省级现代农业示范区、龙头企业，省级农民专业合作社/示范社和规模种植场/养殖场开展农业物联网应用试点，探索适合不同种类的农产品、不同类型农业生产经营主体的农业物联网应用模式

图4-14 试验目标3

试点省市要成立以分管省市领导为组长、农业部门主要负责同志为副组长、涉农部门为成员的领导小组及技术专家组，负责推进本省区的试点工程

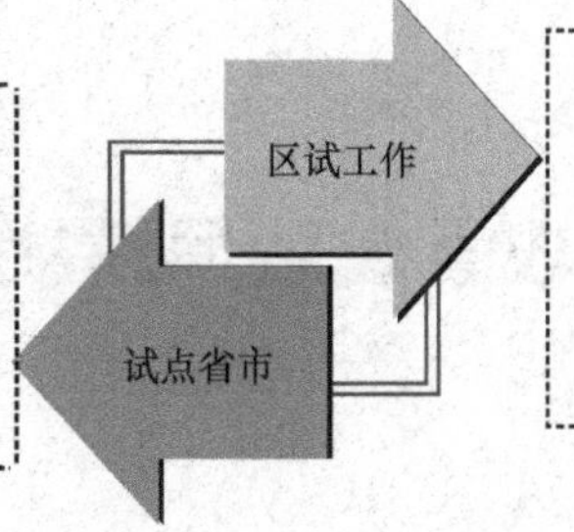

区试工作由农业部农业信息化领导小组统一领导，组建区试工程技术专家组，由国家有关科研、教育系统的专家参与，负责研究制订区试工程总体技术解决方案，指导区试工程建设，研究和突破关键技术，制定农业物联网相关标准等

图4-15 强有力的组织保障

4.4.5.2 明确工作分工

试点工程的工作也有明确的分工，具体分工如图 4-16 所示。

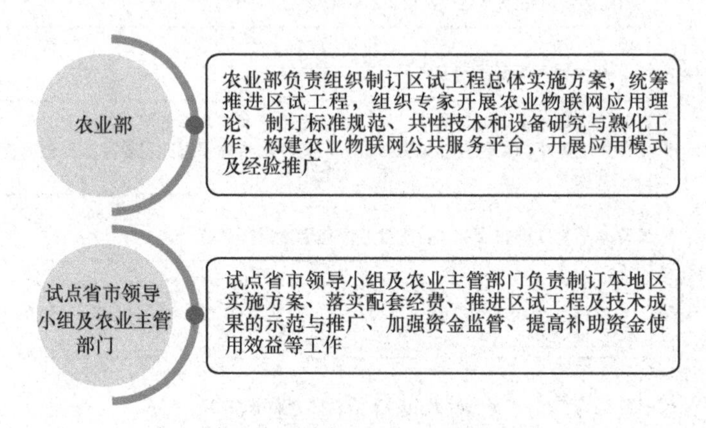

图4-16　试点工程的工作分工

4.4.5.3 确保稳定投入

试点省市要按区试总体方案安排，建立稳定的投入机制，以确保区试工程整体、稳步推进，具体如图 4-17 所示。

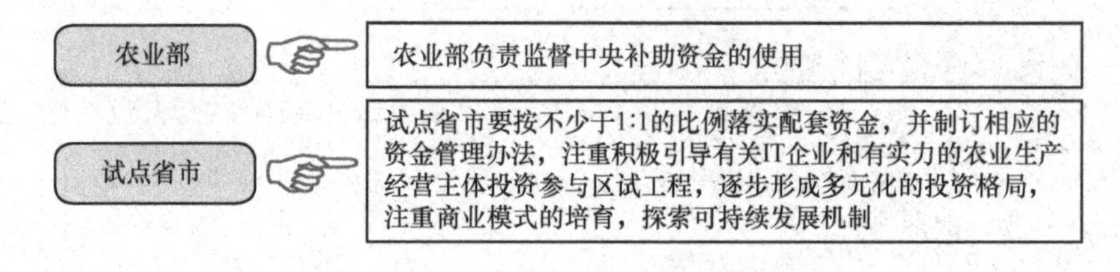

图4-17　试点投入的保障

4.5 智慧农业物联网解决方案

智慧农业物联网解决方案是以物联网技术为基础，集互联网、物联网、视频监控、RFID、软件工程等技术为一体，依托部署在农业生产现场的各种传感节点（环境温湿度、土壤水分、二氧化碳等）和无线通信网络实现农业生产环境的智能感知、智能预警、智能决策、智能分析、专家在线指导，为农业生产提供精准化的种植、可视化的管理、智能化的决策。

4.5.1 农业物联网解决方案的组成

农业物联网解决方案按照其应用领域划分，可以分为农业生产物联网解决方案和养殖生产物联网解决方案两个类别。

4.5.1.1 农业生产物联网解决方案

农业生产物联网解决方案主要包括 5 部分，如图 4-18 所示。

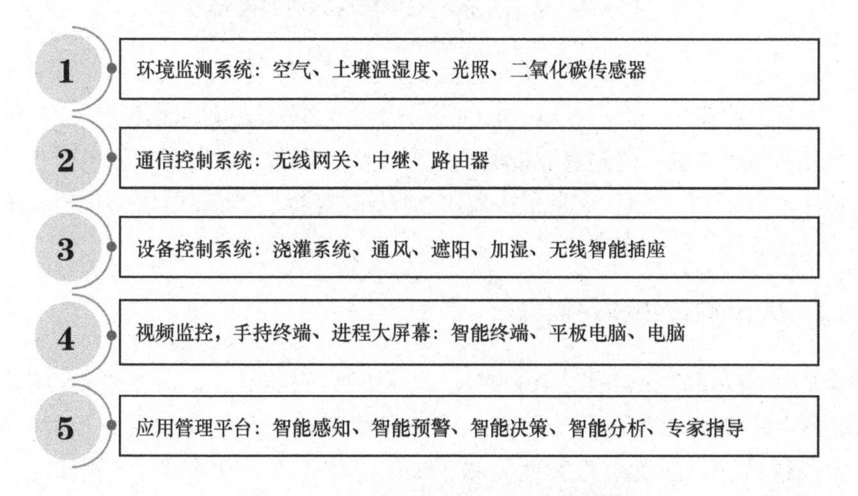

图4-18 农业物联网解决方案的构成

4.5.1.2 养殖生产物联网解决方案

养殖生产物联网解决方案包括 5 部分，如图 4-19 所示。

4.5.2 大田种植物联网解决方案

中国是以种植水稻为大宗的农业大国，稻区辽阔，主产区分布于秦岭淮河一线以南（如长江中下游平原、珠江三角洲、东南丘陵、云贵高原、四川盆地等地），

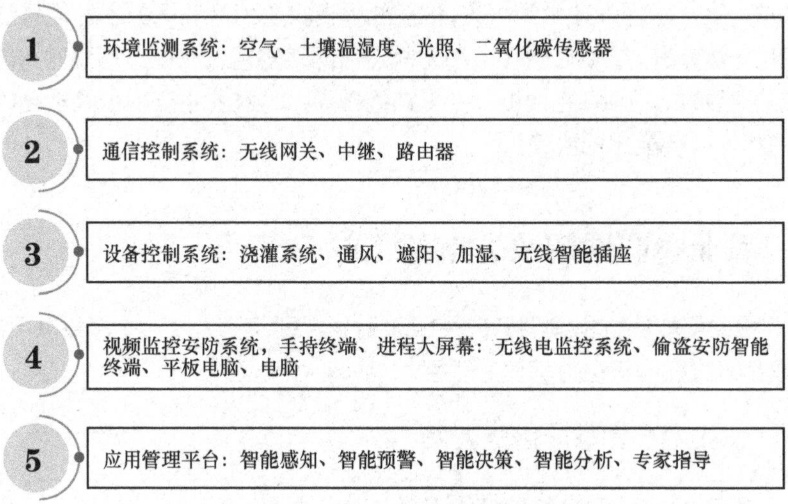

1	环境监测系统：空气、土壤温湿度、光照、二氧化碳传感器
2	通信控制系统：无线网关、中继、路由器
3	设备控制系统：浇灌系统、通风、遮阳、加湿、无线智能插座
4	视频监控安防系统，手持终端、进程大屏幕：无线电监控系统、偷盗安防智能终端、平板电脑、电脑
5	应用管理平台：智能感知、智能预警、智能决策、智能分析、专家指导

图4-19　养殖生产物联网解决方案的构成

种植总面积大约在 4.3 亿～ 4.4 亿亩（1 亩≈ 666.7 平方米）。水稻种植从原始人畜耕作发展到机械耕种，这是农业发展的一大进步，但基于农业种植稻田分布广泛、人工成本高、耗时长、耕作信息采集残缺、不及时等特点，新型物联网种植的出现，使现代农业实现了又一次质的飞跃。

4.5.2.1　大田种植物联网简介

大田种植物联网以先进的传感器、物联网、云计算、大数据以及互联网等信息技术为基础，由监测预警系统、无线传输系统、智能控制系统及软件平台构成，通过统一化的监控与管理监测区域的土壤资源、水资源、气候信息及农情信息（苗情、墒情、虫情、灾情）等，构建以标准体系、评价体系、预警体系和科学指导体系为主的网络化、一体化监管平台，使大田种植真正做到长期监测、及时预警、信息共享、远程控制，最终改善产量与品质。

大田种植物联网可以连通相对孤立的信息节点，从而达到信息的及时上传 / 下达，政府部门统一管理、分析以市、县、乡、村、场为基点的信息，这些信息为政府部门宏观决策提供数据支持。

4.5.2.2　大田种植物联网的系统架构

大田种植物联网的系统架构如图 4-20 所示。

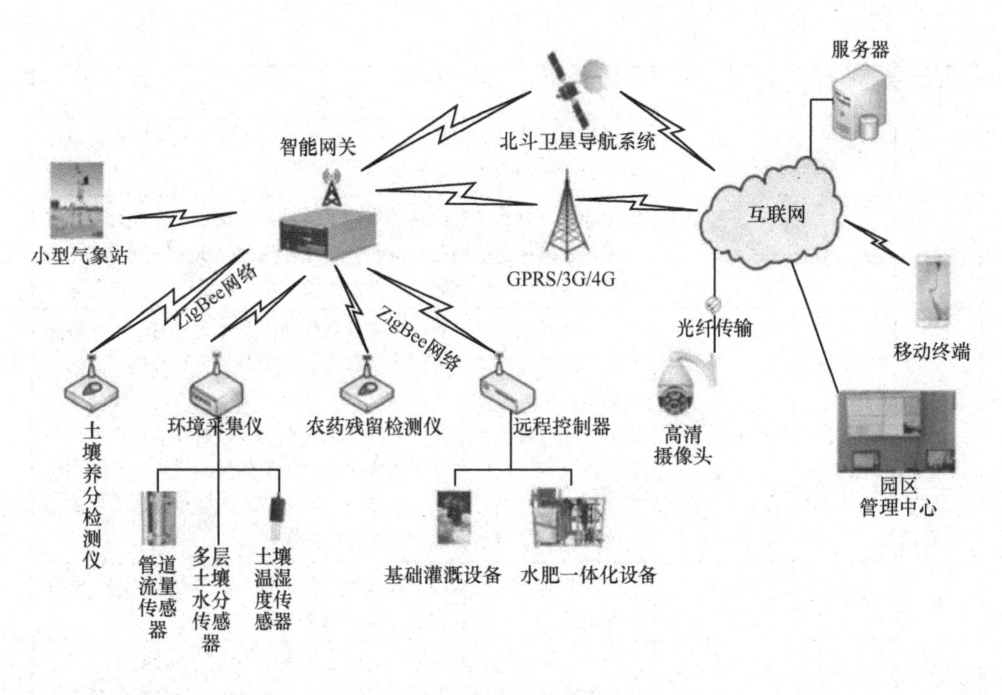

图4-20 大田种植物联网的系统架构

4.5.2.3 大田种植物联网的功能

大田种植物联网应满足的功能见表4-1。

表4-1 大田种植物联网的功能

序号	功能	说明
1	农田“四情”监测	农田“四情”是指利用物联网技术，动态监测田间作物的墒情、苗情、病虫情及灾情的监测预警系统。用户可以通过电脑和手机随时随地登录自己专属的网络客户端，访问田间的实时数据并进行系统管理，实时监测每个监测点的环境、气象、病虫状况、作物生长情况等。该系统可结合系统预警模型，实时远程监测与诊断作物，并获得智能化、自动化的解决方案，实现作物生长动态监测和人工远程精准管理，保证农作物在最适宜的环境条件下生长，提高农业生产力，增加农民收入
2	温湿度监测	温湿度传感器监测农田环境的空气温湿度、地表温湿度、土壤温湿度等，并能采集、分析、运算、控制、存储、发送数据等

（续表）

序号	功能	说明
3	光照度监测	光感和光敏传感器监测、记录农田光线的强度，无线传输技术将相关数据传送到用户监控终端
4	CO_2、O_2浓度监测	农田部署二氧化碳浓度传感器能实时监测二氧化碳的含量，当浓度超过系统设定的阈值范围时，传感器通过无线传输技术将相关数据传送到用户监控终端，并由相关工作人员做出相应的调整
5	田间小气候观测	农田小气候观测站可直接测量常规气象因子（大气温度、环境湿度、平均风速风向、瞬时风速风向、降水量、光照时数、太阳直接辐射、露点温度、土壤温度、土壤热通量、土壤水分和叶面湿度），还可以测量水面蒸发、太阳光合有效辐射等多种要素。雨量、风速、风向、气压传感器可收集大量的气象信息，当这些信息超出正常范围时，用户可及时采取防范措施，减轻自然灾害带来的损失，进而更好地指导农业生产
6	灌溉及设备联动控制	水灌溉与农药喷洒采用一套管线系统，根据植物生长模式，系统可通过自动、手动方式进行相应地操作
7	报警控制	用户可设定某些参数指标的上限和下限，当实际参数高于或低于某个温度时，系统都会产生报警信息，并显示在上位机中控平台和现场控制节点。报警系统可将田间信息通过手机短息和弹出到主机界面两种方式告知用户。用户可通过视频监控查看田间的情况，然后采取合理的方式应对田间具体发生的状况
8	自定义控制模式	根据农业大田种植监测的需要，用户可个性化地定制一些相应的监测项目及控制内容，监测和控制模拟信号、数字信号、开关信号和频率信号等

4.5.2.4 大田种植物联网的系统构成

大田种植物联网的配置构成见表 4-2。

表4-2 大田种植物联网的配置构成

序号	构成部分	说明
1	地面信息采集系统	① 该系统使用地面温度、湿度、光照、光合有效辐射传感器采集信息，通过这些信息，用户可以及时掌握农作物的生长情况。当农作物因这些因素生长受限时，用户可快速反应，并采取应急措施 ② 该系统使用雨量、风速、风向、气压传感器收集大量的气象信息，当这些信息超出正常值时，用户可及时采取防范措施，减轻自然灾害带来的损失

（续表）

序号	构成部分	说明
2	地下或水下信息采集系统	① 该系统可采集地下或水下土壤温度、水分、水位、氮磷钾、溶氧、pH值的信息 ② 该系统检测土壤温度、水分、水位是为了合理灌溉，杜绝水源浪费和大量灌溉导致的土壤养分流失 ③ 该系统检测氮磷钾、溶氧、pH值信息，是为了全面检测土壤养分的含量，准确指导水田合理施肥，提高产量，避免由于过量施肥导致的环境问题
3	信号传输系统	该系统采集远程无线传输数据。信号传输系统主要包括电源信号的传输、视频信号的传输和控制信号的传输三部分。
4	视频监控系统	视频监控系统是指摄像机通过同轴视频电缆将图像传输到控制主机中，实时监控植物的生长信息，用户在监控中心或异地互联网上即可随时看到作物的生长情况
5	报警系统	用户可在主机系统上给每一个传感器设备设定合理范围，当地面、地下或水下信息超出设定范围时，报警系统可将田间信息通过手机短息和弹出到主机界面两种方式告知用户。用户可通过视频监控查看田间的情况，然后采取合理的方式应对田间具体发生的状况
6	软件平台	（1）电脑管理软件平台 办公室内安装工控机和显示器实时在线显示农业大田间采集到的数据信息，并以实时曲线的方式显示给用户。工作人员根据农田的具体情况设置温度、湿度等参数限值。在监测时，如果工作人员发现有监测结果超出设定的阈值，系统会自动发出报警提醒工作人员，报警形式包括声光报警、电话报警、短信报警、E-mail报警等 （2）大屏信息显示发布平台 大型LED显示屏主要在农田中心地带显示实时数据与指示设备动作，提升基地项目整体形象，同时也方便了管理员的日常数据的检查和实时信息的参考 （3）智能手机App远程监测平台 用户可以通过手机端操作基于安卓智能手机端的App远程监测平台，远程随时随地查看自己农田的环境参数

4.5.3 设施农业物联网解决方案

设施农业属于技术密集型的产业。它是利用人工建造的设施，使传统农业逐步摆脱自然的束缚，走向现代工厂化的现代农业。同时它也是农产品打破传统农业季节性的限制，实现农产品反季节上市，进一步满足多元化、多层次消费需求的有效方法。

设施农业物联网解决方案主要由温度传感器、湿度传感器、温控仪、湿控仪和空气测试仪等设备，通过 RS485 总线和数据采集与传输设备相连，将温度、湿度等数据实时地通过中国移动的 TD 或 GPRS 网络传送到远程智能系统，再将数据通过手机或手持终端发送给农业人员、农业专家，远程指导农业专家，并为他们的方案决策提供数据依据。

设施农业物联网网络架构如图 4-21 所示。

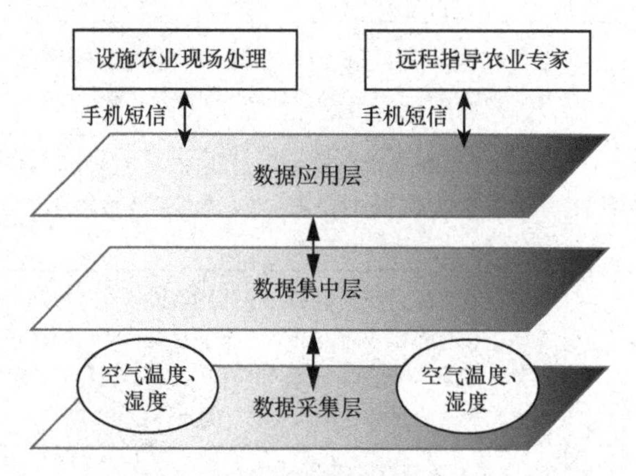

图4-21　设施农业物联网网络架构

设施农业现场主要以大棚生产为主，所以，本节以大棚的农业物联网解决方案来作说明。

4.5.3.1　温室大棚

温室大棚能透光、保温（或加温），且温室大棚多用于低温季节喜温的蔬菜、花卉、林木等的栽培或育苗等。温室依不同的屋架材料、采光材料、外形及加温条件等又可分为很多种类，如玻璃温室、塑料温室，单栋温室、连栋温室，单屋面温室、双屋面温室，加温温室、不加温温室等温室结构温室大棚应密封保温，但又应便于通风降温。现代化温室中具有控制温、湿度，光照等条件的设备，生产者用电脑自动控制创造农作物植物所需的最佳环境条件。

4.5.3.2　温室大棚物联网的应用

温室成片的农业园区接收无线传感汇聚节点发来的数据，并对其存储、显现和办理，可完成一切基地测试点信息的获取、办理和剖析，并以直观的图表和曲线显现给各个温室的用户。并依据生产者种植农作物或栽培植物的需求提供各种声光报警信息和短信报警信息，完成温室集约化、网络化的长途办理。此外，物联网技能可运用到温室生产的每一个期间，剖析不同期间农作物 / 植物的体现和环境因子，并反映到下一轮的生产中，最后完成更精准地办理，取得更优异的商品。温室成片的农业园区物联网如图 4-22 所示。

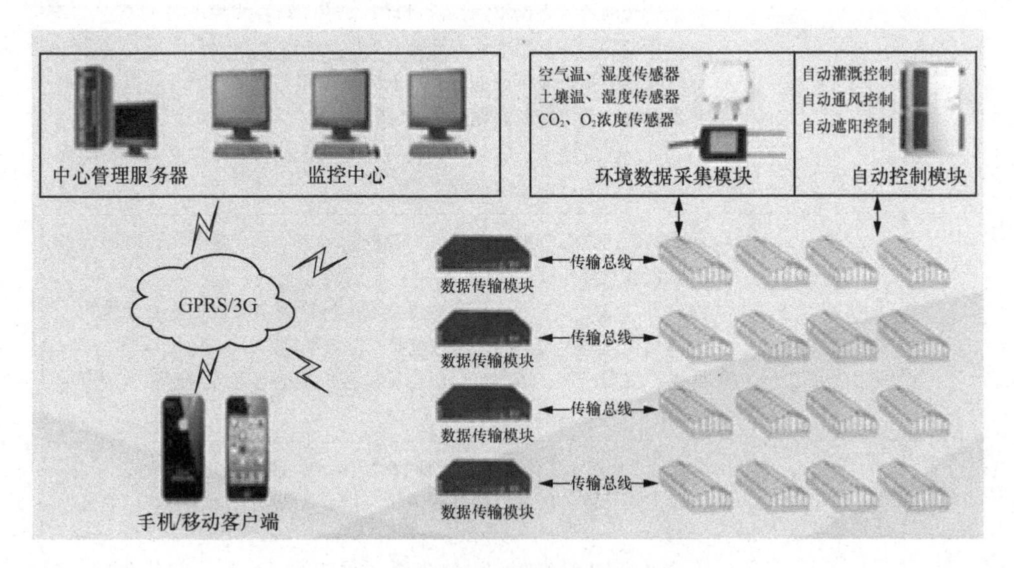

图4-22　温室成片的农业园区物联网图示

4.5.3.3　温室大棚物联网系统的功能

温室大棚应用物联网系统应满足的功能见表 4-3。

表4-3　温室大棚应用物联网系统的功能

序号	功能	说明
1	温室环境实时监控功能	① 用户通过电脑或者手机远程查看温室的实时环境数据，包括空气温度、空气湿度、土壤温度、土壤湿度、光照度、二氧化碳浓度、氧气浓度等视频数据，并可以保存录像文件，防止农作物被盗等； ② 温室环境报警记录及时提醒，用户可直接处理报警信息，系统记录处理信息，还可以远程控制温室设备； ③ 远程、自动化控制温室内的环境设备，提高工作效率，如自动灌溉系统、风机、侧窗、顶窗等； ④ 用户可以直观查看温室环境数据的实时曲线图，及时掌握温室农作物的生长环境

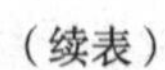
（续表）

序号	功能	说明
2	智能报警系统功能	① 系统可以灵活地设置各个温室不同环境参数的上下阈值，一旦采集到的参数超出阈值，系统可以根据配置，通过手机短信、系统消息等方式提醒相应的管理者； ② 报警提醒内容可根据模板灵活设置，根据不同用户需求可以设置不同的提醒内容，最大限度地满足用户个性化的需求； ③ 用户可以根据报警记录查看关联的温室设备，更加及时、快速地远程控制温室设备，高效处理温室环境问题； ④ 用户可及时发现不正常状态的设备，通过短信或系统消息及时提醒管理者，保证系统的稳定运行
3	远程自动控制功能	① 系统通过先进的远程工业自动化控制技术，让用户足不出户便能远程控制温室设备； ② 用户可以自定义规则，让整个温室设备随环境参数的变化自动控制，比如当土壤湿度过低时，温室灌溉系统自动浇水； ③ 提供手机客户端，用户可以通过手机在任意地点远程控制温室的所有设备
4	历史数据分析功能	① 系统可以通过不同条件组合查询和对比历史环境数据； ② 系统支持列表和图表两种不同形式，用户可以更直观地看到历史数据曲线； ③ 建立统一的数据模型，系统通过数据挖掘等技术可以分析更适合农作物生长、最能提高农作物产量的环境参数，辅助用户决策
5	视频监控功能	① 视频采集； ② 视频存储； ③ 视频检索及播放
6	手机客户端控制	① 用户可以通过农业温室智能监控系统手机客户端随时随地查看温室的环境参数； ② 用户可以使用手机端及时接收、查看温室环境报警信息； ③ 通过手机端，用户可以远程自动控制温室环境设备，如自动灌溉系统、风机、顶窗等

4.5.3.4 温室大棚物联网系统的主要组成

温室大棚物联网系统包括传感终端、通信终端、无线传感网、控制终端、监控中心和应用软件平台，如图 4-23 所示。

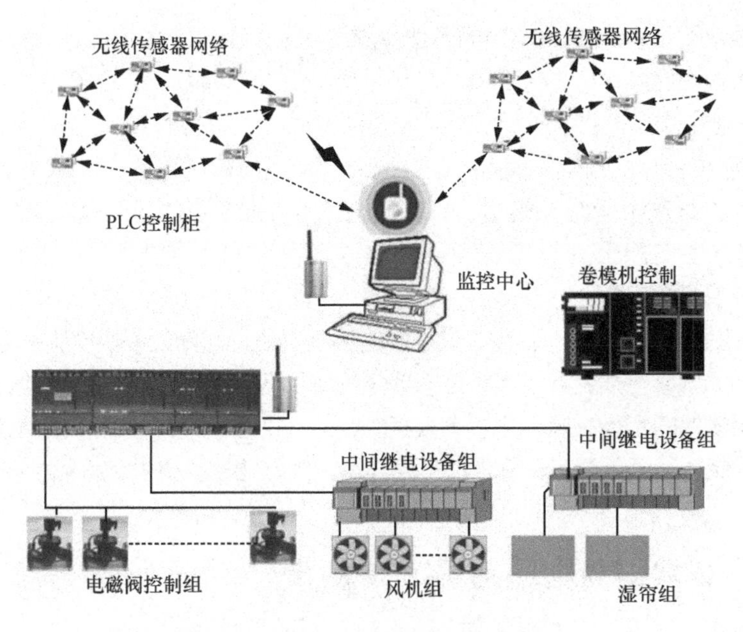

图4-23 温室大棚监测控制系统组成

（1）传感终端

温室大棚环境信息感知单元由无线采集终端和各种环境信息传感器组成。环境信息传感器监测空气温湿度、土壤水分、光照强度、二氧化碳浓度等环境参数，并通过无线采集终端以 GPRS 方式将采集的数据传输至监控中心，以指导用户生产。

（2）通信终端及传感网络建设

温室大棚无线传感通信网络主要由温室大棚内部感知节点间的自组织网络建设和温室大棚间及温室大棚与农场监控中心的通信网络建设两部分组成。前者主要实现传感器数据的采集及传感器与执行控制器之间的数据交互。温室大棚环境信息通过内部自组织网络在中继节点汇聚后，将通过温室大棚及温室大棚与农场监控中心的通信网络实现监控中心对各温室大棚环境信息的监控。

（3）控制终端

温室大棚环境智能控制单元由测控模块、电磁阀、配电控制柜及安装附件组成，并通过 GPRS 模块与管理监控中心连接。根据温室大棚内的空气温湿度、土壤温度水分、光照强度及二氧化碳浓度等参数，该控制单元能控制环境调节设备，包括内遮阳、外遮阳、风机、湿帘水泵、顶部通风、电磁阀等。

（4）视频监控系统

视频监控系统作为数据信息的有效补充，基于网络技术和视频信号传输技术，全天候视频监控温室大棚内的作物生长状况。该系统由网络型视频服务器、高分辨率摄像头组成。网络型视频服务器主要提供视频信号的转换和传输，并实现远程的网络视频服务。

（5）监控中心

监控中心由服务器、多业务综合光端机、大屏幕显示系统、UPS 及配套网络设备组成，是整个系统的核心。园区建设管理监控中心的目的是信息化管理及成果展示整个示范园区。

（6）应用软件平台

应用软件平台可统一存储、处理和挖掘土壤信息感知设备、空气环境监测感知设备、外部气象感知设备、视频信息感知设备等各种感知设备的基础数据，并通过中央控制软件的智能决策，形成有效指令，最后，通过声光电报警指导管理人员或者直接控制执行机构调节设施内的气候环境，为作物生长提供优良的生长环境。

4.5.4 畜禽饲养物联网解决方案

近年来，在中央对畜禽标准化规模养殖等扶持政策的推动下，我国畜禽业正处在由传统养殖向现代养殖转型的关键时期。畜禽养殖监控系统可通过智能传感器在线采集畜禽舍养殖环境的参数，并根据采集数据分析结果，远程控制相应的设备，使畜禽舍养殖环境达到最佳状态，实现科学养殖，减疫增收的目标。

4.5.4.1 畜禽养殖监控系统应满足的功能

畜禽养殖监控系统应满足的功能见表 4-4。

表4-4 畜禽养殖监控系统的功能

序号	功能	功能说明
1	温湿度调节，营造舒适的温湿度环境	实时监测采集养殖舍内外的温湿度数值，对比舍内、外的温度。在夏季，当室内温度高于室外温度时，启动风机交换空气、通风排湿；在寒冬，需要进行保温处理，适当进行送暖措施（如太阳能、电热炉、锅炉供暖）等
2	通风换气，保持养殖舍内空气清新	系统联动控制通风换气设备，可以及时排出污浊的空气，并不断地吸收新鲜空气；实时监测养殖舍内的氨气、硫化氢、二氧化碳浓度等，自动调节换气设备。同时系统考虑到对舍内温湿度的影响，冬天选择温度较高时通风换气，夏天选择凉爽的夜晚或早晨通风换气
3	光照度调节，保证充足的光照时间	充足的光照时间是保证动物健康、快速成长的重要因素。在养殖舍内光线阴暗或冬季日照时间不足的情况下，系统会适当增加辅助照明，弥补光照度的不足

（续表）

序号	功能	功能说明
4	养殖舍内压力的监测	由于养殖舍在某些时候通风差，造成养殖舍内外压力存在差异，不利于气体流通，进而导致舍内有害气体浓度过高。该系统可以实时监测、采集养殖舍内外的压力，当出现压差时，可联动控制运行相关设备，以保证空气流通
5	视频监控，随时掌握现场实况	在养殖舍内安装视频监控，以便用户随时查看动物的生长情况，减少人工现场巡查的次数，提高工作效率。从科学养殖、提高养殖管理水平、实现智能养殖的角度来看，视频监控是现代化养殖业发展的必然趋势

4.5.4.2 畜禽养殖监控系统的组成

畜禽养殖监控系统的组成如图 4-24 所示。

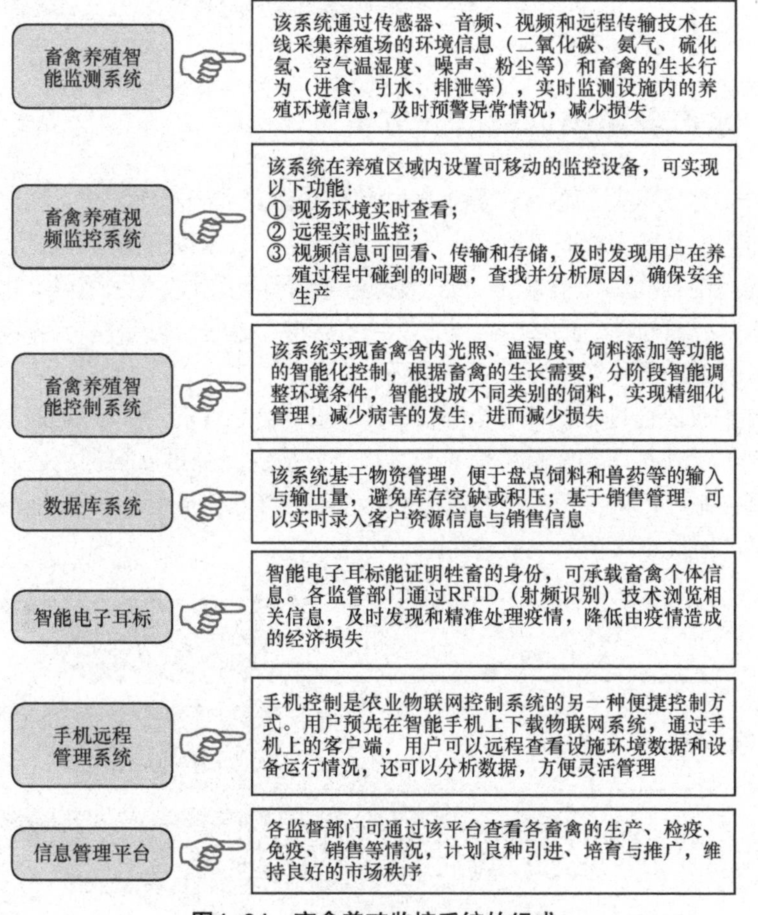

图4-24 畜禽养殖监控系统的组成

4.5.4.3　畜禽养殖监控系统的系统配置

畜禽养殖监控系统的系统配置如图 4–25 所示。

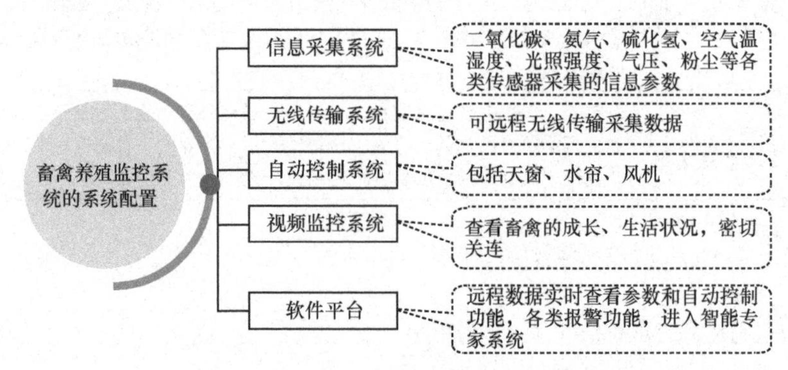

图4–25　畜禽养殖监控系统的系统配置

4.5.5　水产养殖物联网解决方案

水产养殖物联网简称水产养殖监控系统是面向水产养殖集约、高产、高效、生态、安全的发展需求而建设的，是基于智能传感、无线传感网、通信、智能处理与智能控制等物联网技术开发的。它是集水质环境参数在线采集、智能组网、无线传输、智能处理、预警信息发布、决策支持、远程与自动控制等功能于一体的水产养殖物联网系统，如图 4–26 所示。

养殖户可以通过手机、平板电脑、计算机等信息终端，实时掌握养殖水质的环境信息，及时获取异常报警信息及水质预警信息，并可以根据水质监测结果，实时调整控制设备，实现水产养殖的科学养殖与管理，最终实现节能降耗、绿色环保、增产增收的目标。

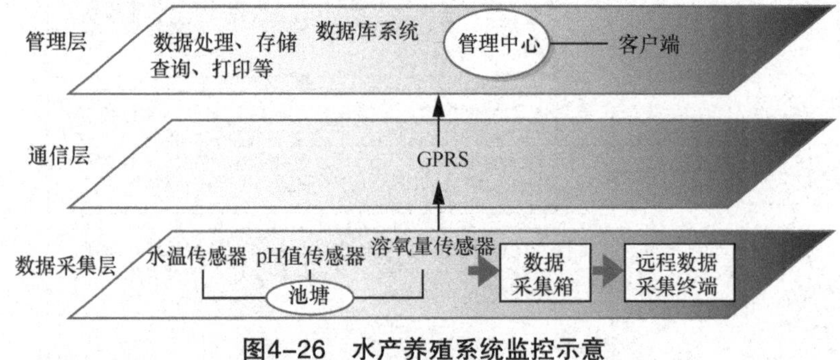

图4–26　水产养殖系统监控示意

4.5.5.1 水产类养殖监控系统应满足的功能

水产类养殖监控系统应满足的功能见表 4-5。

图4-5 水产类养殖监控系统应满足的功能

功能	功能细分	
养殖水域环境监测	温度监测	温度是影响水产养殖的重要环境因素之一，这其中包括进水口温度、池内温度、养殖场的温度等。在适合的水温范围内，水温越高，水产类摄食量越大，生长越快。物联网监测系统可24小时监测养殖水域的水体温度，当温度高于或低于设定范围时，系统会自动报警，并将现场情况以短信形式发到用户手机上，并且监控界面弹出报警信息。用户可重新设置，自动打开水温控制设备，当水温恢复正常值时，系统又会自动关闭
	光照检测	光照时间长短、强弱决定水产类生物的生长繁殖周期和生产品质。光照系统会自动计算水域养殖时水产类生物需要的光照时间，以此决定是否需要开关天窗
养殖水域水质监测	pH值监测	pH值过低，水体呈酸性，会引起水产类生物鱼鳃的病变，氧气的利用率降低，造成水产类生物生病或者水中细菌大量繁殖。系统安装pH值测试探头，当水体pH值超过正常范围时，水口阀门自动开启并换水
	溶解氧监测	溶解氧的含量关系水产类生物的食欲、饲料利用率、生长发育速度等，当水体溶解氧含量降低时，系统会自动打开增氧泵增氧
	氨氮含量监测	养鱼池塘中的氨氮来源于饵料、水生动物的排泄物、肥料及动物尸体分解等，氨氮含量过高会影响水产类生物的生长，超高则会造成水产类生物中毒死亡，给用户带来重大损失。系统监测氨氮含量，超出正常值范围时，需要给养殖区进行清洁或换水
智能化控制系统	给排水控制	传统养殖模式里，鱼池换水全部由人工完成，费时费力。该系统可根据水质需要自动换水，管理员也可以根据系统提供的实时参数判断养殖池是否需要换水，并通过远程控制系统换水
	增氧泵控制	一般养殖场养殖珍贵鱼种时都是24小时供氧，这样养殖池内虽然不会出现缺氧现象，但造成了能源的浪费。将增氧泵与系统对接后，系统可根据水生物的实际需求开启或关闭增氧泵，这样既保证水生生物健康生长也节约了能源
智能化控制系统	温度控制	温度过高或过低都会影响水生生物的生长状况，为了保证养殖场的水温恒定，可在进水口建立水温缓冲池，通过与系统对接的温控设备调节水温，之后再将缓冲池内的恒温水送入养殖池内。当养殖池温度过高时，系统会自动打开进出水口，更换池水，达到降温目的

4.5.5.2 水产养殖监控系统的重要组成部分

水产养殖监控系统的重要组成部分如图 4-27 所示。

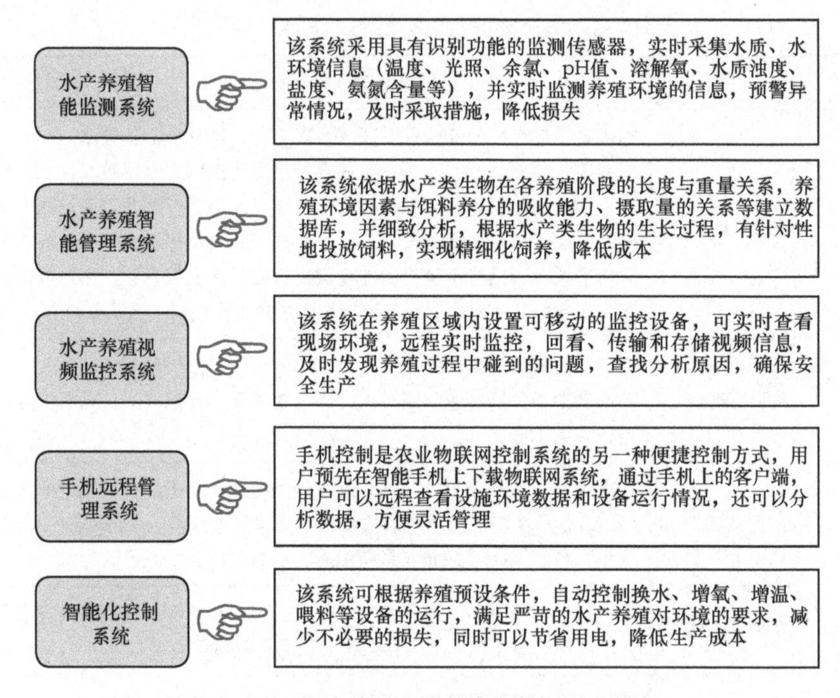

图4-27 水产养殖监控系统的重要组成部分

4.5.6 农业物联网农林有害生物监测解决方案

传统的农林业病虫害信息处理技术和手段相对落后，容易造成历史数据的丢失，无法较好地分析、归纳出森林病虫的发生、发展规律，且耽误最佳防治时间，不利于森林病虫害的监测预警和防治。

农业物联网监控有害生物是保障农林增产、增效、增收的重要措施之一，而农业物联网对有害生物监控信息的实时传递和共享是科学决策与有效控制病虫害的前提和关键。

农林有害生物监测预警系统集数据采集、监控、专家系统等功能为一体，智能监测、实时采集监测区域内的有害生物状态信息，远程诊断有害生物，提供农林有害生物预警信息。它是农林技术人员作业管理的“千里眼”和“听诊器”。

4.5.6.1 系统应满足的主要功能

农林有害生物监测系统的主要功能包括数据管理、数据查询、统计分析和病虫害预测等，具体如图 4-28 所示。

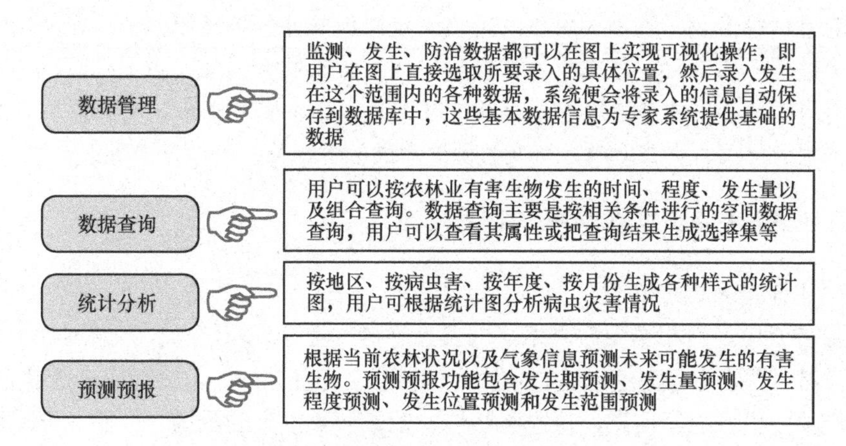

图4-28 农林有害生物监测系统的主要功能

4.5.6.2 农林有害生物监测系统的主要组成

农林有害生物监测系统的主要组成如图 4-29 所示。

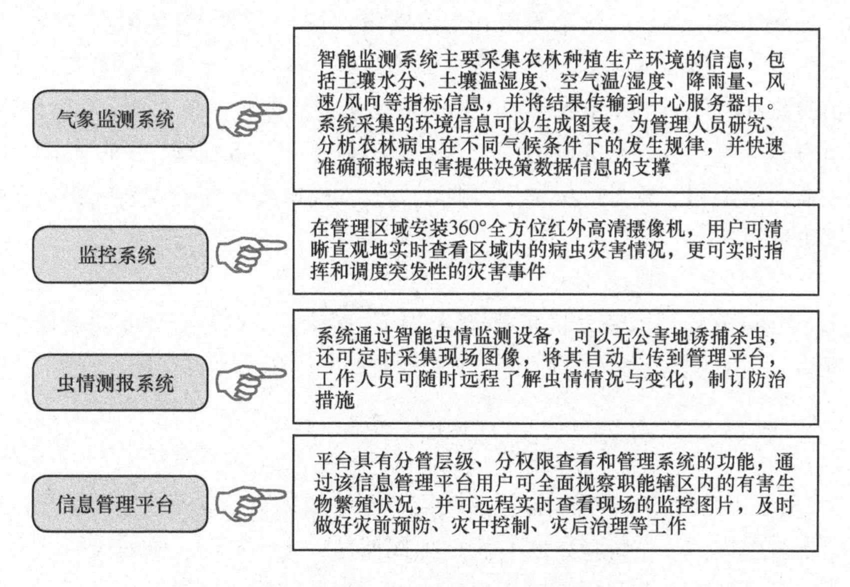

图4-29 农林有害生物监测系统的主要组成

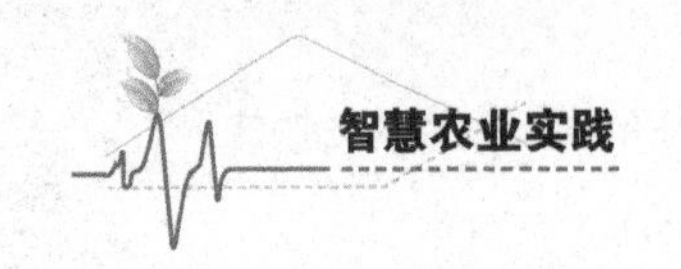

4.5.7 智慧果园农业物联网解决方案

我国是一个农业大国，果树种植具有地域分布广泛、环境因子不确定等特点。传统的果树种植业一般是靠果农的经验来定性地估计各种环境因子，无法精确测量生产过程中的各种环境信息，并实现最优化生产的。另外，由于果树种植的区域性特点比较强，不能有效搜集环境因子，难以统一集中管理。将物联网技术引入并应用到果园信息管理中，可有效提高果园的信息化、智慧化管理。

4.5.7.1 智慧果园物联网系统功能

（1）监控功能系统

监控功能系统根据无线网络获取实时的植物生长环境信息，如通过各个类型的传感器可获取土壤水分、土壤温度、空气温湿度、光照强度、植物养分含量等参数。该系统主要负责收集信息、接收无线传感汇聚节点发来的数据，存储、显示和管理数据，实现所有基地测试点信息的获取、管理、动态显示和分析处理，并以直观的图表和曲线显示给用户，还可以根据以上各类信息的反馈自动控制农业园区的灌溉、降温、液体肥料施肥、喷药等。

（2）监测功能系统

监测功能系统在果园区内自动检测与控制信息，通过配备的无线传感节点，例如，太阳能供电系统、信息采集和信息路由设备、无线传感传输系统等，可监测土壤水分、土壤温度、空气温湿度、光照强度、植物养分含量等参数。该系统主要负责收集信息，接收无线传感汇聚节点发来的数据，存储、显示和管理数据，实现所有基地测试点信息的获取、管理、动态显示和分析处理，并以直观的图表和曲线显示给用户，还可以根据用户种植作物的需求提供各种声光报警信息和短信报警信息。

（3）实时图像与视频监控功能

果园物联网的基本概念是实现果园作物与环境、土壤及肥力间的物物相联的关系网络，通过多维信息与多层次处理调理农产品的最佳生长环境。

4.5.7.2 智慧果园物联网系统的架构

智慧果园生产管理系统由数据采集层、网络传输层、业务处理层、用户应用层 4 个层次组成。该系统把果园监测、指挥调度、生产管理、营养诊断、质量安全检测、产销计划、专家咨询等有机结合在一张智能网中，实现从果园到用户的无缝链接、实时监控和智能管理，全面提高果园的生产管理效率和降低产业营运成本，推动果园生产的再次跨越，如图 4-30 所示。

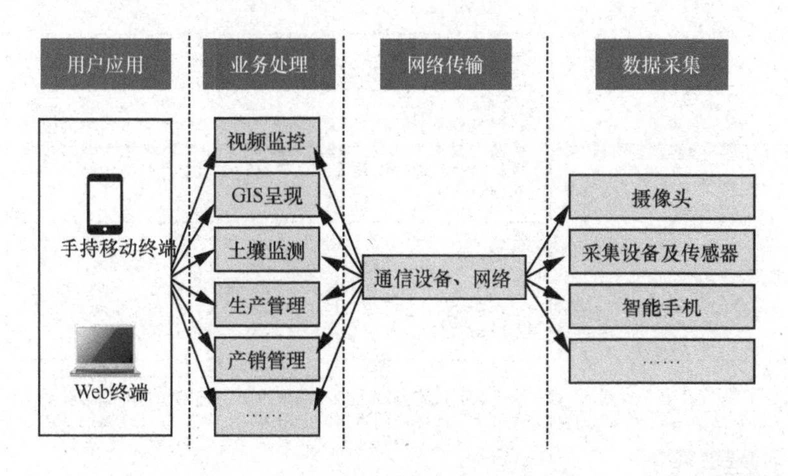

图4-30 智慧果园物联网系统的架构

4.5.8 农业物联网农产品安全溯源解决方案

近几年，国家陆续出台了相关政策表示要推进食用农产品追溯体系的建设，建立食用农产品质量安全全程追溯协作机制，以责任主体和流向管理为核心，以追溯码为载体推动追溯管理与市场准入相衔接，实现食用农产品“农田到餐桌”全过程的追溯管理，推动农产品生产经营者积极参与运行国家农产品质量安全追溯管理信息平台。

4.5.8.1 农产品溯源系统

农产品溯源系统能够实现农产品从田间到餐桌的全程可追溯信息化管理。农产品质量安全追溯系统以保障消费安全为宗旨，以追溯到责任人或主体为基本要求，是区域农产品质量安全信息统一发布和查询的平台。农产品溯源系统以一物一码为标准，为农产品建立个体身份标识，准确记录农产品从种植管理、生产、加工、流通、仓储到销售的全过程信息溯源。用户可通过一体机、农产品溯源平台、手机扫描二维码等查询方式，能查询到透明的产品信息，并为政府部门提供监督、管理、支持和决策依据，同时给企业树立了良好的品牌形象，也建立了高效便捷的流通体系。

农产品质量安全追溯系统由多个子系统组合而成，其中各个子系统完成各自的信息采集、记录、存储等功能，然后各个子系统汇总到一起，形成一个完整的农产品质量安全追溯系统，具体如图 4-31 所示。

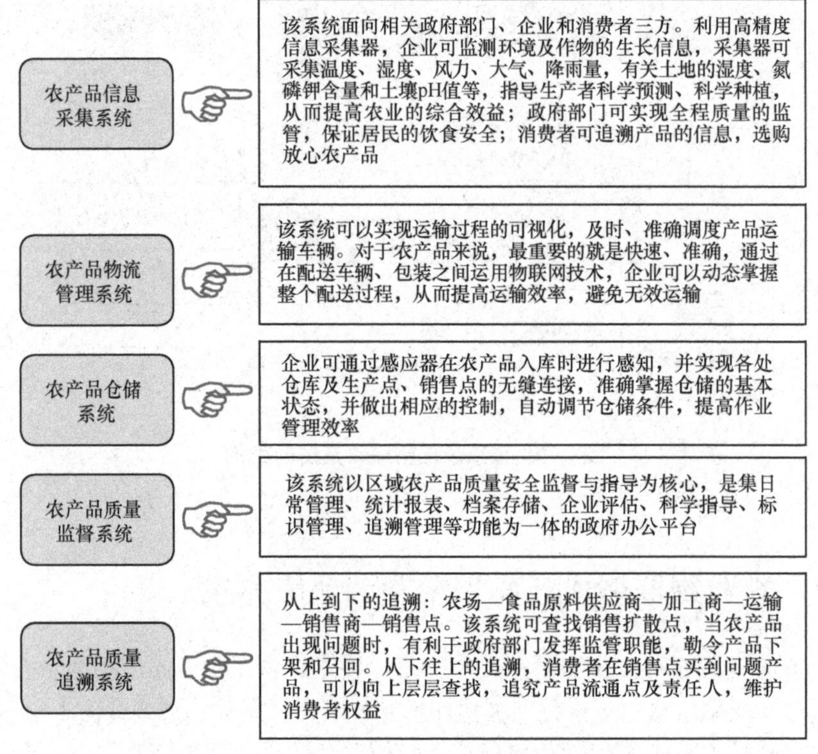

图4-31　农产品质量安全追溯系统的5个子系统

4.5.8.2　农业物联网在农产品质量安全追溯系统中的应用

农业物联网利用现代条码、二维码、RFID、数据管理和传递、PHP 等目前先进的互联网技术，以信息网络为依托开发出一套生产可记录、信息可查询的农产品溯源系统。该系统利用农业物联网技术，通过 RFID 标签、二维码、条码等，以一物一码的方式给单个产品标识身份。农产品溯源系统可以使商家将优质农产品的种植、采摘、包装等流通环节的信息展示给广大消费者，真正实现随时随地“知根知源，安安全全”。

4.5.8.3　农产品质量安全追溯解决方案

农产品溯源解决方案采用了农业物联网技术，结合现代信息化手段，数字化管理农产品的产地环境、农业投入品、农事生产过程、质量检测、加工储运等质量安全关键环节，为农产品建立“身份证”制度，实现农产品的全程可追溯。

（1）实现五化

农产品质量安全追溯解决方案的“五化”如图 4-32 所示。

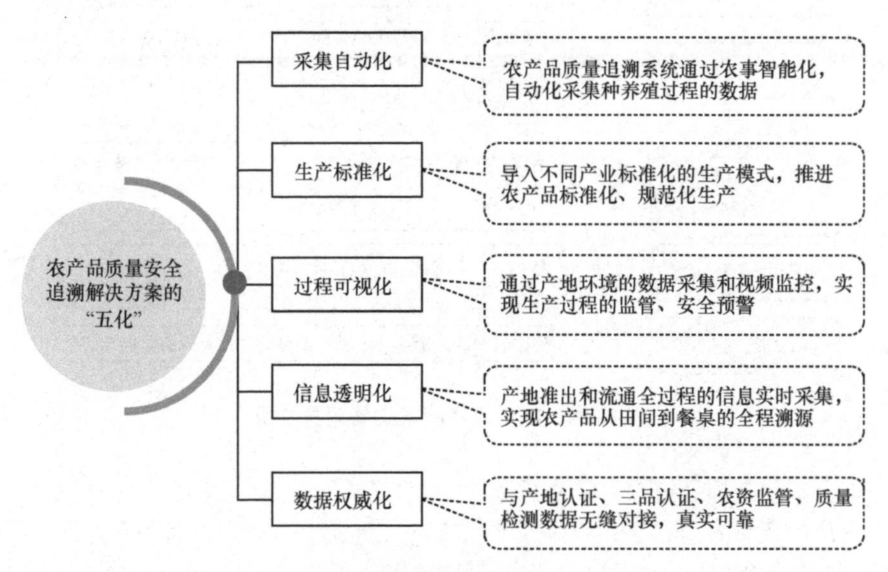

图4-32 农产品质量安全追溯解决方案的“五化”

（2）农产品溯源系统解决目标

农产品溯源系统解决目标如图 4-33 所示。

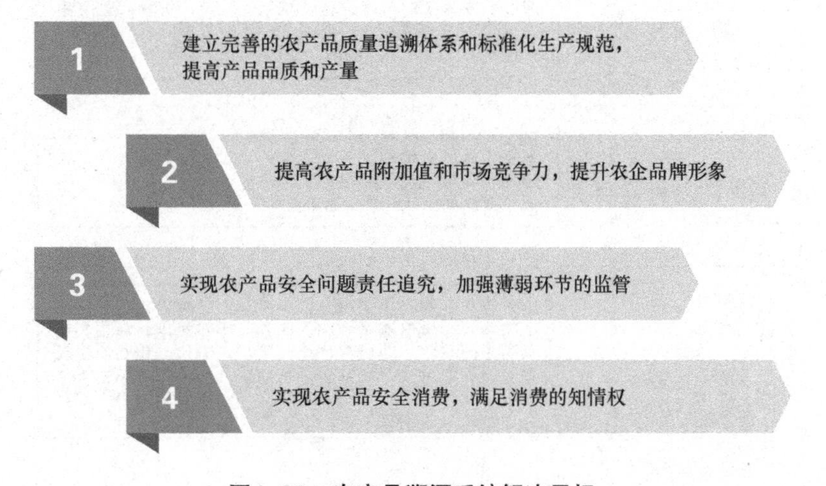

图4-33 农产品溯源系统解决目标

（3）农产品溯源系统的业务应用

农产品溯源系统的业务应用如图 4-34 所示。

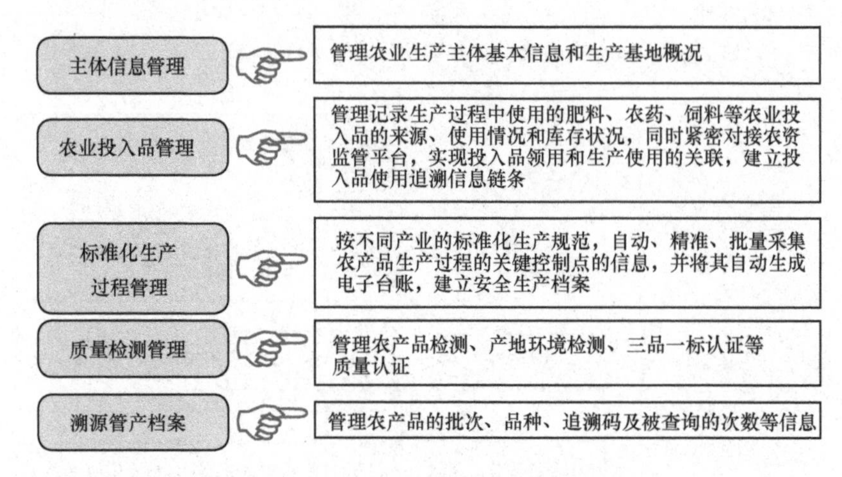

图4-34　农产品溯源系统的业务应用

（4）农产品质量安全追溯系统设计

农产品质量安全追溯系统以农产品生产、流通、销售产品为研究对象，以生产企业直至销售终端（超市或社区便民服务中心）为基本模式，分别完成了三个部分的系统设计，如图 4-35 所示。

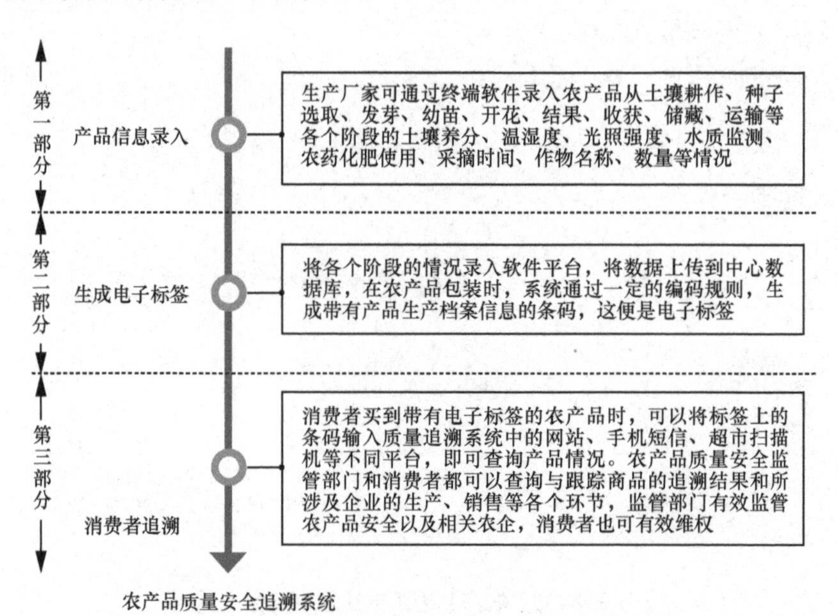

图4-35　农产品质量安全追溯系统设计的三个部分

某企业的农产品质量安全及管理溯源系统

一、农产品质量安全及管理溯源系统架构

某企业的农产品质量安全及管理溯源系统架构如图 4-36 所示。

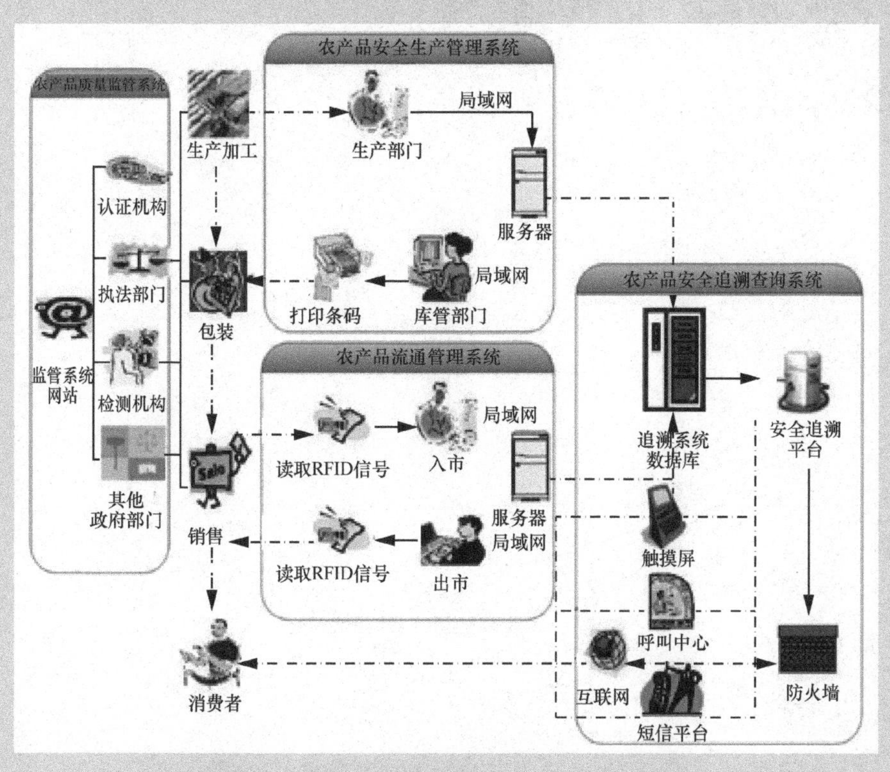

图4-36 农产品质量安全及管理溯源系统架构

二、农产品质量安全及管理溯源系统功能说明

该农产品质量安全及管理溯源系统功能说明如下。

1. 农产品安全生产管理

以农业生产者的生产档案信息为基础，实现对基础信息、生产过程信息等的实时记录、生产操作预警及生产档案的查询和上传功能。

2. 农产品流通管理

以市场准入控制为设计基础实行入市申报，管理批发市场经营者，记录其经营产品的交易情况，实现批发市场的全程安全管理。

3. 农产品质量监督管理

实现相关法律法规、政策措施的宣传与监督功能；同时完成企业、农产品信息库的组建、管理、查询及分配管理防伪条码等功能。

4. 农产品质量追溯

综合利用网路技术、短线技术、条码识别技术等，实现网站、POS机、短信和电话号码于一体的多终端农产品质量的追溯。

第5章

助推智慧农业的大数据

粗放生产，分散经营，农业自身的季节性、地域性特征以及信息不对称等问题成为整个农业产业链的共性问题。当前农业经营者对种养技术、病虫害、疫情信息把握不足，同时农产品滞销、难卖问题多地频发，农业经营者对同类产品生产数据估计不足，加上农业经营者因信用数据的缺失而难以融资，从而限制了其更新生产设备、扩大生产规模。

这几大痛点问题，涉及农业经营者与政府、上游农资企业、下游消费者、金融机构等多个主体之间的信息对接，根源之一在于信息的缺失。大数据是解决这些问题的根本。

随着信息化和农业现代化的深入推进，农业农村大数据正在与农业产业全面深度融合，并逐渐成为农业生产的定位仪、农业市场的导航灯和农业管理的指挥棒，日益成为智慧农业的神经系统和推进农业现代化的核心关键要素。

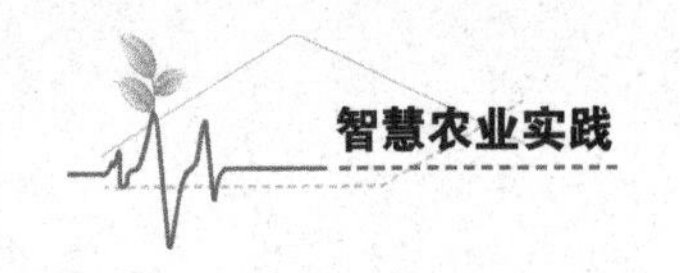

5.1 何谓大数据

大数据，又称巨量资料，是指所涉及的数据资料量规模巨大到无法通过人脑甚至主流软件工具，在合理时间内达到撷取、管理、处理并整理成帮助企业经营决策的资讯。

5.1.1 大数据的由来

大数据是继云计算、物联网之后 IT 产业界又一次颠覆性的技术变革。大数据对于社会的管理、发展的预测、企业和部门的决策，乃至社会的方方面面都将产生巨大的影响。

大数据的概念最初起源于美国，是由思科、威睿、甲骨文、IBM 等公司倡议发展起来的。从 2009 年开始，大数据成为互联网信息技术行业的流行词汇。大数据产业是指建立在互联网、物联网、云计算等渠道中的数据存储、价值提炼、智能处理和分发的信息服务业，大数据企业大多致力于让用户能从任何数据中获得可转换为业务执行的洞察力，包括隐藏在非结构化数据中的洞察力。

最早提出"大数据时代已经到来"的机构是全球知名咨询公司麦肯锡。2011 年，麦肯锡在题为《海量数据，创新、竞争和提高生成率的下一个新领域》的研究报告中指出：数据已经渗透到每一个行业和业务职能领域，逐渐成为重要的生产因素。而人们对于海量数据的运用将预示新一波生产率增长和消费者盈余浪潮的到来。

大数据是一个不断演变的概念，仅仅数年时间，大数据就从专业术语演变成决定我们未来数字生活方式的重大技术命题。2012 年，联合国发表了大数据政务白皮书《大数据促发展：挑战与机遇》；EMC、IBM、Oracle 等跨国 IT 企业纷纷发布了大数据战略及产品。

5.1.2 大数据的特点

大数据具备 Volume、Variety、Velocity 和 Value 共 4 个特征，简称为"4V"，

如图 5-1 所示，即数据体量巨大、处理速度快、数据类型繁多和价值密度低。

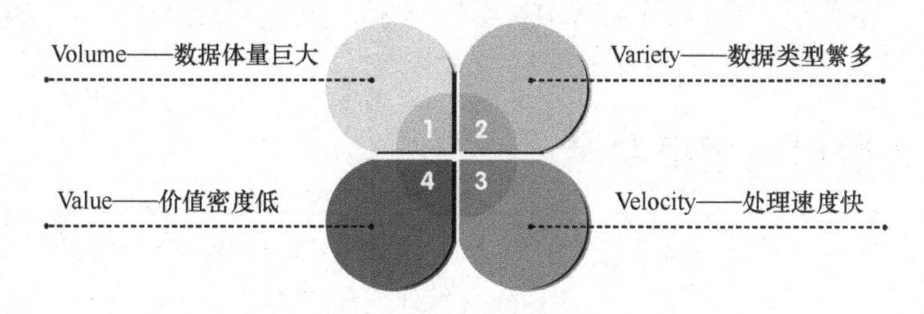

图5-1 大数据的“4V”特点

5.1.2.1 Volume——数据体量巨大

Volume 表示大数据的数据量巨大。数据集合的规模在不断扩大，已从 GB 到 TB 再到 PB 级，甚至开始以 EB 和 ZB 来计数。比如一个中型城市的视频监控头每天能产生几十 TB 的数据。

5.1.2.2 Variety——数据类型繁多

Variety 表示大数据的类型繁多。以往我们产生或者处理的数据类型较为单一，它们大部分是结构化数据。而如今，社交网络、物联网、移动计算、在线广告等新的渠道和技术不断涌现，产生了大量的半结构化或者非结构化数据，如 XML、邮件、博客、即时消息等。企业需要整合并分析来自传统和非传统信息源的数据，还包括企业内部和外部的数据。随着传感器、智能设备和社会协同技术的爆炸性增长，数据的类型无以计数，包括文本、微博、传感器数据、音频、视频、点击流和日志文件等。

5.1.2.3 Velocity——处理速度快

Velocity 表示数据的产生、处理和分析的速度持续在加快，数据流量大。各种加速的原因是数据的实时性以及流数据将被结合到业务流程和决策过程中。数据处理速度快，处理能力从批处理转向流处理。业界对大数据的处理能力有一个称谓——“1 秒定律”，这充分说明了大数据的处理能力，体现出它与传统的数据挖掘技术有本质的区别。

5.1.2.4 Value——价值密度低

大数据由于体量不断加大，单位数据的价值密度在不断降低，然而数据的整体价值在提高。有人甚至将大数据等同于黄金和石油，这表示大数据中蕴含了无限的商业价值。企业处理大数据，找出其中潜在的商业价值，这将会产生巨大的商业利润。

5.1.3 大数据的应用发展

智慧农业的建设离不开大数据，大数据是智慧农业“智慧化”的关键性支撑技术。

5.1.3.1 大数据解决方案逻辑层和架构

大数据解决方案的逻辑层提供了设置组件的方式，这些层提供了一种方法去组织执行特定功能的组件。逻辑层通常由大数据来源、数据改动和存储层、分析层、使用层 4 个逻辑层组成。

（1）大数据来源

大数据来自所有渠道的、所有可用于分析的数据。这些数据的格式和起源各不相同，格式有结构化、半结构化或非结构化之分。数据到达的速度和传送它的速率因数据源不同而不同大数据的数据源可能位于企业内部或外部。

（2）数据改动和存储层

数据改动和存储层负责从数据源获取数据，并在必要时将它转换为适合数据分析方式的格式。例如，我们可能需要将数据转换成一幅图，才能将它存储在相关存储或关系数据库管理系统（RDBMS）的仓库中，以供进一步处理。

（3）分析层

分析层读取数据改动和存储层整理（digest）的数据。在某些情况下，分析层直接从数据源访问数据。我们在设计分析层时需要认真地筹划和规划。我们必须制订如何管理以下任务的决策：生成想要的分析、从数据中分析结果、找到所需要的实体、定位可提供这些实体的数据源、理解执行分析需要哪些算法和工具。

（4）使用层

使用层使用了分析层所提供的输出数据，使用者可以是可视化的应用程序、人类、业务流程或服务。

5.1.3.2 大数据分析的5个基本方面

（1）可视化分析

数据可视化是数据分析工具最基本的要求。可视化可以直观地展示数据，让数据“说话”，让用户看到结果，这种要求有助于更多非专业机构和人士来应用大数据，扩大大数据的应用领域。

（2）数据挖掘算法

可视化是给人看的，数据挖掘是给机器看的。集群、分割、孤立点分析，还有其他的算法让我们可以深入数据内部，并挖掘其价值。

（3）预测性分析能力

数据挖掘可以让分析员更好地理解数据，而预测性分析可以让分析员根据可视化分析和数据挖掘的结果做出一些预测性的判断。

（4）语义引擎

非结构化数据的多样性给数据分析带来了新的挑战，我们需要一系列的工具去解析、提取、分析数据。语义引擎需要被设计成能从“文档”中智能地提取信息。

（5）数据质量和数据管理

数据质量和数据管理是管理方的最佳实践。通过标准化的流程和工具处理数据可以保证得到一个高质量的分析结果。

5.2 何谓农业大数据

农业是大数据应用的广阔天地。农业数据涵盖面广、数据源复杂。

5.2.1 农业大数据的基本内涵

农业大数据是指运用大数据理念、技术和方法，解决农业或涉农领域数据的采集、存储、计算与应用等一系列问题，是大数据理论和技术在农业上的应用和实践。

农业大数据涉及耕地、播种、施肥、杀虫、收割、存储、育种等各个环节，是跨行业、跨专业、跨业务的数据分析与挖掘以及数据的可视化。

结合农业本身特点以及农业全产业链切分方式，农业大数据可以分为农业环境与资源大数据、农业生产大数据、农业市场和农业管理大数据3类，这3类大数据基本囊括了农产品从产到销的全过程，如图5-2所示。

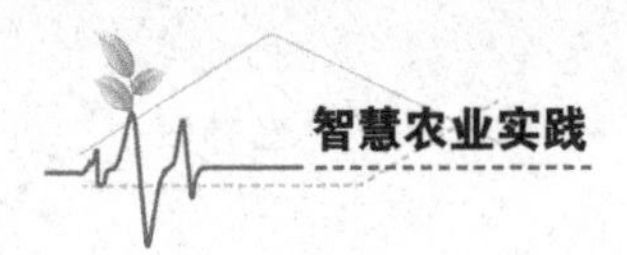

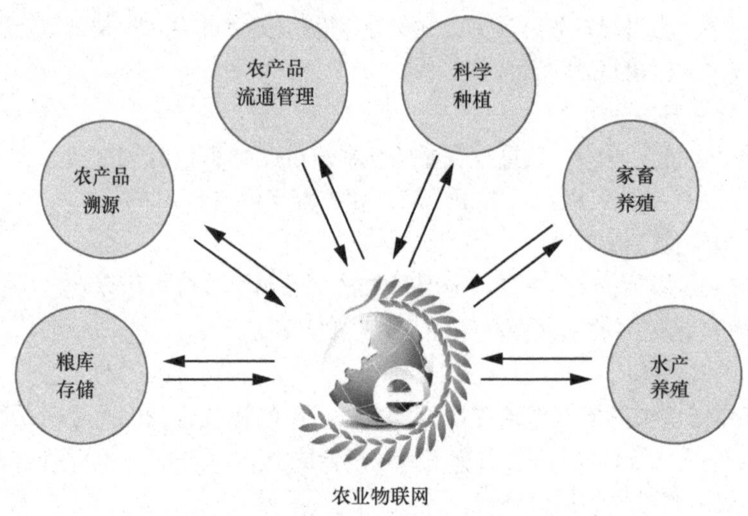

图5-2　物联网成为大数据的重要来源

农业大数据由结构化数据和非结构化数据构成，随着农业的发展，非结构化数据呈现出快速增长的势头，其数量将大大超过结构化数据。

物联网在农业各领域的渗透已经成为农业信息技术发展的必然趋势，也必将成为农业大数据最重要的数据源。

由于农业自身具有复杂性和特殊性，农业数据必将从结构化的关系型数据向半结构化和非结构化数据类型转变。相对于二维表格逻辑表达的关系型数据，农业领域更多的是非结构化数据，如文字、图表、图片、动画、语音和视频等形式的超媒体要素以及专家的经验、知识和农业模型等。

5.2.2　农业大数据的主要任务

基于大数据的理论和技术，农业大数据的主要任务是推进智慧农业的不断发展。在市场经济条件下，农业的分散经营和生产模式使得它在参与市场竞争中对信息的依赖性比任何时候都多，而信息和服务的滞后性，往往对整个产业链产生巨大的负面影响。另外，由于农业生产很难在全国范围内形成统一的规划，致使农业生产受市场波动影响颇大，而且农业生产很多方面是依靠农户的感觉和经验，缺少量化的数据支撑。而在大数据时代，通过分析大数据，我们不仅可以建立综合的数据平台，调控农业生产，还可以记录、分析农业种养过程、流通过程中的动态变化，并制订一系列调控和管理措施，使农业高效有序发展。

农业大数据的主要任务，具体表现在以下几个方面。

5.2.2.1 优化整合农业数据资源

我国农业信息技术经历了多年的发展，研发了涵盖多层面、多领域的农业信息化系统，构建了很多不同级别、面向不同领域的数据资源，进而形成了庞大的信息资源财富。

我国有很多涉农网站，这些网站汇集了很多信息资源。但这些数据相互之间缺乏统一的标准和规范，在功能上不能关联互补、信息也不能共享互换、信息与业务流程和应用相互脱节，进而形成了“信息孤岛”。这些数据缺乏标准、难以共享，造成农业设施的低水平重复建设、数据利用率低、信息资源凌乱分散和大量冗余等。

基于云计算构架和大数据技术，我们整合数据资源、规范数据标准、统一标识和规范协议等可实现计算资源的虚拟化建设，消除数据“鸿沟”、发展农业大数据资源。我们通过构造虚拟化技术平台，实现IT资源的逻辑抽象和统一表示，该平台可以在大规模数据中心的管理和解决方案交付方面发挥巨大的作用。

5.2.2.2 农业大数据平台建设

为了不断推进农业经济的优化，实现可持续的产业发展和区域产业结构优化调整，进一步推动智慧农业发展的进程，我们需要及时掌握农业的发展动态，依托农业大数据及相关大数据分析处理技术，建设一个农业大数据分析应用平台。

在技术上，该平台基于先进的大数据系统框架，充分融合物联网在数据获取以及云计算在数据处理方面的技术优势，建设具有高效性、先进性和开放性的业务化应用平台。

结构上，该平台应具有良好的可配置性。平台应具有稳健的设计构架、良好的人机交互功能，设计上便于技术人员开发使用。随着应用领域的拓宽、业务的发展、业务量的增加，系统也应该具有良好的扩展性和应用性。

5.3 大数据在智慧农业中的应用

我们分析目前的农业信息技术主要应用领域和产生大数据的主要来源发现，

大数据的主要应用领域包括以下几个方面，如图 5-3 所示。

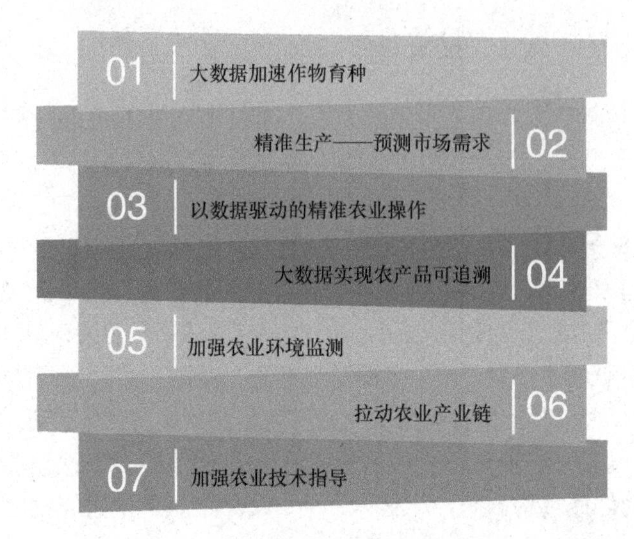

图5-3 大数据在智慧农业中的应用

5.3.1 大数据加速作物育种

传统的育种成本往往较高、工作量大、花费久，大数据的应用可以加快此进程。

过去的生物调查习惯在温室和田地进行，而现在的生物调查已经可以通过计算机运算进行了，海量的基因信息流可以在云端被创造和分析，同时进行假设验证、试验规划、定义和开发。在此之后，只需要有相对很少的一部分作物经过一系列的实际大田环境验证，这样，就可以高效确定品种的适宜区域和抗性表现。这项新技术的发展不仅有助于低成本、快速的决策，而且能探索很多以前无法完成的事。

通过大数据分析，于以助力生物工程研究出具有抗旱、抗药、抗除草剂的作物。从而进一步提高作物质量、减少经济成本和环境风险。

5.3.2 精准生产——预测市场需求

在网上，我们会看到或听到农户农产品滞销，瓜果蔬菜贱卖或烂在地里的新闻，其实原因归咎于市场供需问题。如果能把农业产销市场中的数据汇总起来，指导合理生产实现“供需平衡”并非难事。

例如，某地苹果产量高，但当地的市场需求量却很小。我们通过大数据采集技术发现某地苹果的市场需求高，那么当地农业管理部门就可以联系该地区的销货商，将苹果售往该地区。当地农业管理部门还可以提前通过大数据平台采集消费者的需求报告，并进行市场分析，提前规划生产，降低生产风险，帮助农户在农事方面做出更明智的决策。

5.3.3 以数据驱动的精准农业操作

在近几年，种植者通过选取不同作物品种、生产投入量和环境，在上百个农田进行了田间小区试验后，知道了如何将作物品种与地块进行精准匹配。

如何获得环境和农业数据？现代农业通过遥感卫星和无人机可以管理地块和规划作物种植适宜区，预测气候、自然灾害、病虫害、土壤墒情等环境因素，监测作物长势，指导灌溉和施肥，预估产量。随着GPS导航能力和其他工业技术的提高，生产者可以跟踪作物流动，引导和控制设备，监控农田环境，精细化管理整个土地的投入，大大提高了生产力和盈利能力。

如果没有大数据分析技术，数据将会变得十分庞大和复杂。数据本身并不能创造价值，只有通过有效分析，才能帮助种植者做出有效决策。

5.3.4 大数据实现农产品可追溯

农业大数据技术平台可以追踪农产品从田间到餐桌的每一个过程。RFID标签可以记录农资和食品生产过程中的各种信息，如产品EPC信息、出货信息等。在流通环节中工作人员可以验证上一环节的信息，并将新的信息，如物流企业信息、车辆信息、出发地、目的地、货物批次信息等写入RFID标签和中心数据库中，使信息能够传递到供应链的下一环节。在销售环节中，工作人员验证上一环节信息，并将销售信息、出货/进货等信息写入RFID标签和中心数据库中。在消费者环节中，消费者通过互联网或者手机拍摄农资小包装上的二维码图片，并将其发送到后台，查询该商品的整个流通信息。从而验证商品的真实性。

5.3.5 加强农业环境监测

农业大数据可以通过传感器检测农作物的生产环境从而感知农作物的生产。

农业大数据采集农作物生长环境中的各项指数数据，再把这些采集的数据放到本地或云端的数据中心，从而分析农业生产的历史数据和实时监控数据，提高对作物种植面积、生产进度、农产品产量、天气情况、气温条件、灾害强度和土壤湿度的关联监测能力。

比如系统监测到大棚的土豆土壤湿度不足，那么系统就可以及时补充土壤湿度；如果监测到三号大棚的辣椒色泽浅，那么就可以通过监测数据分析出原因，如果是缺乏养分那就需要及时施肥。试想如果在作物的生长过程中，气候灾害可以得到规避及科学有效的防治，种植方法也可以得到有效指导，那么随之而来的将会是产量的稳定甚至提高，从源头上提高农业的生产效率。

5.3.6 拉动农业产业链

农业大数据运用地面观测、传感器和 GPRS 信息技术等，加强了农业生产环境、生产设施和动植物本体感知数据的采集、汇聚和关联分析，完善了农业生产进度智能监测体系，提高了农业的生产管理、指挥调度等数据支撑能力。同时，农业大数据技术在种植、畜牧和渔业等关联产业生产中的应用也在不断推广，拉动了农业产业整体内需，从农业生产到农业市场、农产品管理，农业大数据将会大幅提高农业整条产业链的效率。

现代农业通过利用农业大数据，实行产加销一体化，将农业生产资料供应，农产品生产、加工、储运、销售等环节链接成一个有机整体，并组织、协调和控制农业中的人、财、物、信息、技术等要素的流动，以期获得农产品价值的增值。打造农业产业链条，不但有利于增强农业企业的竞争能力，增加农民收入和产业结构调整，而且有助于农产品的标准化生产和产品质量安全追溯制度的实行。

5.3.7 加强农业技术指导

现代农业通过大数据技术，集合病虫害防治、土地科学施肥。农资溯源、大棚监控等多学科技术的应用，利用联通 4G 网络，指导农业用户在实际生产中的具体操作，农业大数据是农业用户迫切需要的应用系统。

5.4 大数据时代智慧农业的发展模式

大数据在农业中应用最普遍的领域之一是精准农业或智慧农业（农林牧渔业）。通过收集气候、土壤、水、空气质量、作物成长、鱼禽畜的生长，甚至是设备和劳动力的成本及可用性等方面的实时数据并预测分析后，大数据可指导农户做出更科学、更精准的决策。大数据时代智慧农业的发展模式主要有以下 3 种。

5.4.1 建立全国范围内的农业大数据平台

利用最新的计算机数据挖掘技术、互联网、多媒体和云计算服务模式，以农业智能综合信息服务平台“云平台”+“智能终端”为主要载体，各方有机结合，建立贯通省—市—县（区）—乡（镇）—村—户的信息渠道。

农业大数据平台在建立主要粮食作物苗情物联网远程监控系统的同时，还可以跟进数据的获取、数据资源的管理、数据的存储、数据的挖掘、数据的计算、数据的可视化等方面。该平台不仅能够调控农业生产，还可以记录分析农业种养过程、流通过程中的动态变化，并通过分析数据，制订一系列调控和管理措施，促进农业高效有序发展，从而解决农业生产信息、消费信息不对称的问题，提高农业生产效率和产品质量。

5.4.2 提供服务与信息支持

在产前，大数据可根据农业历史需求进行预测，指导农业科学生产；在产中，大数据应用动态监控农业生产物，实现病虫害预警，通过智能养殖提升生产效率及产品质量；在产后，大数据可以提供价格行情信息及市场趋势预测、产品溯源等，助力实现农村商品流通网络化、农民服务信息化。

5.4.3 建立农业数据采集、共享、分析和使用机制

整合农业数据资源，统一农业大数据标准，率先开放农业部门的自有数据，引导协调农业相关部门开放数据，积极引入各方面社会力量参与到农业大数据平台的建设中，开发农业大数据产品，服务农业生产。

5.5 农业大数据的顶层设计

5.5.1 农业农村大数据发展和应用的主要目标

立足我国国情和现实需要，未来 5 ~ 10 年内，我国实现农业数据的有序共享，初步完成农业的数据化改造。到 2017 年年底前，农业部及省级农业行政主管部门数据共享的范围边界和使用方式基本明确，跨部门、跨区域的数据资源共享共用格局基本形成。到 2018 年年底前，我国农业实现“金农工程”信息系统与中央政府其他相关信息系统通过统一平台共享和交换数据。到 2020 年年底前，我国逐步实现农业部和省级农业行政主管部门的数据集向社会开放，实现农业农村历史资料数据的数据化、数据采集的自动化、数据使用的智能化、数据共享的便捷化。到 2025 年，我国实现农业产业链、价值链、供应链的联通，大幅度提升农业生产智能化、经营网络化、管理高效化、服务便捷化的能力和水平，全面建成全国农业数据调查分析系统。

5.5.2 农业农村大数据发展和应用的基础

农业农村大数据的发展和应用的基础体现的几个方面如图 5-4 所示。

5.5.2.1 建设国家农业数据中心

我国农业数据中心的建设以建设全球农业数据调查分析系统为抓手，推进国家农业数据中心的云化升级，建设国家农业数据云平台，并在此基础上整合构建

图5-4 农业农村大数据发展和应用的基础

国家涉农大数据中心。国家农业数据中心由中央平台，种植、畜牧和渔业等产业数据，国际农业、全球遥感、质量安全、科技教育、设施装备、农业要素、资源环境、防灾减灾、疫病防控等数据资源及各省、自治区、直辖市农业数据分中心共同组成，它集成了农业部各类数据和涉农部门的数据。

5.5.2.2 推进数据共享开放

国家农业数据中心平台整合农业部的数据资源，统一数据管理，实现数据共享。农业部通过遥感等现代信息技术手段获取各类统计报表、各类数据调查样本及调查结果等数据，各类政府网站形成的文件资料、政府购买的商业性数据等在国家农业数据中心平台共享共用。国家通过项目资金安排带动数据资源整合，除国家规定的保密数据外，对不共享、不按规定开放的数据，严格控制安排相关项目资金。国家还要通过内部整合和外部交换，逐步推进部内司局之间、涉农部门之间、中央与地方之间的数据共建共享。编制农业农村大数据资源开放目录清单，制订数据开放计划，推动各地区、各领域涉农数据逐步向社会开放，提高开放数据的可利用性。

5.5.2.3 发挥各类数据的功能

农业农村大数据的建设需巩固和提升现有监测统计渠道，健全基点县和样本名录，完善村县数据采集体系，开展清洗和校准历史数据的工作。系统梳理农产品生产、消费、库存、贸易、价格、成本收益的六大核心数据，建立重要的农产品供需平衡表制度，还需拓展物联网数据采集渠道，加强和利用遥感、传感器、智能终端等技术装备，实时采集农业资源环境、生产过程、加工流通等数据，支撑农业精准化生产和销售。开辟互联网数据采集渠道，开展互联网数据挖掘，数据化改造现有文献资料，推进农业生产经营管理服务在线化。

5.5.2.4 完善农业数据标准体系

农业农村大数据的建设还要构建涵盖涉农产品、资源要素、产品交易、农业技术、政府管理等内容在内的数据指标、样本标准、采集方法、分析模型、发布制度等标准体系。开展农业部门数据开放、指标口径、分类目录、交换接口、访问接口、数据质量、数据交易、技术产品、安全保密等关键共性标准的制订和实施。构建互联网涉农数据开发利用的标准体系。

5.5.2.5 加强数据安全管理

按照信息安全与信息化项目建设同步规划、同步建设、同步运维的要求，我国农业农村大数据的建设还要完善大数据平台管理制度规范，建立集中统一的安全管理体系和运维体系，加强病毒防范、漏洞管理、入侵防范、信息加密、访问控制等安全防护措施。健全应急处置预案，科学布局建设灾备中心，严格落实信息安全等级保护、风险评估等网络安全制度，明确数据采集、传输、存储、使用、开放等各环节网络安全保障的范围边界、责任主体和具体要求。

5.5.3 农业农村大数据发展和应用的重点领域

农业农村大数据发展和应用的重点领域如图 5-5 所示。

重点领域

- 支撑农业生产智能化
- 实施农业资源环境精准监测
- 开展农业自然灾害预测预报
- 强化动物疫病和植物病虫害监测预警
- 实现农产品质量安全全程追溯
- 实现农作物全产业链信息查询可追溯
- 强化农产品产销信息监测预警数据支持
- 服务农业经营体制机制创新
- 推进农业科技创新数据资源共享
- 满足农户生产经营的个性化需求
- 促进农业管理高效透明

图5-5 农业农村大数据发展和应用的重点领域

农业农村大数据发展和应用的重点领域及推进措施见表 5-1。

表5-1 农业农村大数据发展和应用的重点领域及推进措施

序号	措施	说明
1	支撑农业生产智能化	① 运用地面观测、传感器、遥感和地理信息技术等手段，加强农业生产环境、生产设施和动植物本体感知数据的采集、汇聚和关联分析，完善农业生产进度智能监测体系，加强农情、植保、耕肥、农药、饲料、疫苗、农机作业等相关数据的实时监测与分析，提高农业生产管理、指挥调度等数据的支撑能力； ② 推进物联网技术在种植、畜牧和渔业生产中的应用，形成农业物联网大数据； ③ 发展农机应用大数据，加强农机配置优化、工况检测、作业计量等数据的获取，提高农机作业质量的远程监控能力，提高对作物种植面积、生产进度、农产品产量的关联监测能力
2	实施农业资源环境精准监测	① 建立与气象、水利、国土、环保等部门数据共享机制，构建农业资源环境数据库； ② 建立农业生物资源、农产品产地环境以及农业源污染等长期定点、定位监测制度，完善监测评价指标体系，为“一控两减三基本”行动的实施提供数据支撑；开展耕地、草原、林地、水利设施、水资源等数据在线采集，构建国家农林资源环境大数据的实时监测网络； ③ 逐步公开农业资源的环境数据，支持企业开发节水、节肥、节药、农业气象预报等数据产品
3	开展农业自然灾害预测预报	① 完善干旱、洪涝、冷害、台风等农业重大自然灾害和草原火灾监测的技术手段，加强数据实时采集能力的建设，提高应急响应水平； ② 整理挖掘有关自然灾害的历史数据，加强对灾害发生趋势的研判和预测，掌握灾变规律，强化实时监测与预警功能，把握最佳防控时机，有效预防和最大限度地降低灾害损失； ③ 建立农业灾害基础数据库，组织专家团队构建预测模型，开展农业灾害与农业生产数据的关联分析，定期发布灾情预警和防灾减灾措施
4	强化动物疫病和植物病虫害监测预警	① 建立健全国家动物疫病和植物病虫害信息数据库体系、全国重大动物疫病和植物病虫害防控指挥调度系统，提升监测预警、预防控制、应急处置和决策指挥的信息化水平； ② 健全覆盖全国重点区域的农作物病虫疫情田间监测网点、农药安全风险监测网点、动物疫病风险监测网点、动物及动物产品移动风险监测网点、兽药风险监测网点、屠宰环节质量安全监测网点和重点牧区草原鼠虫害监测网点，提高动物疫病和植物病虫害监测预报的系统性、科学性和准确性

（续表）

序号	措施	说明
5	实现农产品质量安全全程追溯	① 加快建设国家农产品质量安全追溯管理信息平台，建立健全制度规范和技术标准； ② 加强与相关部门的数据对接，实现生产、收购、贮藏、运输等环节的追溯管理，建立质量追溯、执法监管、检验检测等数据共享机制； ③ 推进数据的自动化采集、网络化传输、标准化处理和可视化运用，实现追溯信息可查询、来源可追溯、去向可跟踪、责任可追究功能； ④ 推进实现农药、兽药、饲料和饲料添加剂、肥料等重要生产资料信息的可追溯，为农产品监管机构、检验检测认证机构、生产经营主体和社会公众提供全程信息服务
6	实现农作物种业全产业链信息查询可追溯	① 建立农作物种业大数据信息系统，整合部、省、市、县种业的科研、品种管理、种子生产经营、市场供需各环节信息数据，实现新品种保护、品种审定、品种登记、引种备案、种子生产经营许可备案网上申请，种子供求、市场价格、市场监管等信息公开和查询； ② 统一市场种子标签规范，实现从品种选育到种子零售的全程可追溯，为农民选购放心种和农业部门依法治种提供信息服务
7	强化农产品产销信息监测预警数据支持	① 在巩固原有数据采集的基础上，开展电子商务、期货交易、电子拍卖、批发市场电子结算等数据的监测分析，加强农产品加工数据采集体系的建设，加大消费端数据采集力度，建立覆盖全产业链的数据监测体系，促进农产品产销精准对接 ② 加强全球农业数据调查分析，研发重要农产品供需预测模型，组建跨部门、跨行业的农业大数据分析团队，开展综合会商，提升分析预警和调控能力； ③ 完善农业展望工作制度和涉农数据的发布制度，打造权威的农产品产销数据发布窗口
8	服务农业经营体制机制创新	① 开展农村集体经济和农村合作经济发展情况的监测，建立健全示范性家庭农（林）场、合作社示范社和重点龙头企业名录，完善现代农业经营方式的综合评价制度； ② 加强农村集体资金、资产、资源的信息化管理，加快农村集体资产监管数据库的建设； ③ 加强统计监测农民收入、农村土地经营权流转、农村集体产权交易、农民负担、新型农业经营主体发展等情况，强化相关数据的采集、存储和关联分析，强化对工商资本租赁经营农户承包地的监管； ④ 建立全国农村土地承包经营权确权登记颁证数据库，并与不动产登记信息管理基础平台衔接，推进数据互联互通和共建共享； ⑤ 发展农垦经济大数据，加强农垦土地资源、农业生产信息、农业生产社会化服务和农垦农产品质量安全数据的监测

（续表）

序号	措施	说明
9	推进农业科技创新数据资源共享	① 整合农业科教系统的数据资源，推动农业科研数据共享，促进农业科研联合和协作攻关； ② 建立国家农业科技服务云平台，加快国家农业科技大数据的建设，集聚农业科教系统的各方力量，形成农业科技创新、成果转化、农技推广、新型职业农民培育等领域的数据共享机制； ③ 建设育种大数据，长期观测和积累农作物表型数据和基因测序数据，开展大数据关联分析，加速作物优良品种选育的过程
10	满足农户生产经营的个性化需求	① 加快推进信息进村入户工作，增强村级站数据采集和信息发布功能； ② 建立健全面向农业农村的综合信息服务体系，提升12316平台用户体验和服务质量，为农民生产生活提供综合、高效、便捷的农业农村综合信息服务； ③ 探索商业化经营模式，鼓励各类经营性农业信息服务组织开发基于App应用的农业大数据信息服务产品，提高农民使用智能手机的能力，为农民提供精准化、个性化的信息服务
11	促进农业管理高效透明	① 推动农业部门政府数据开放共享，加强农业部门政务数据资源与涉农部门数据、社会数据、互联网数据等的关联分析和融合利用，完善“用数据说话、用数据管理、用数据决策、用数据创新”的机制，提高农业宏观调控的科学性、预见性和有效性； ② 运用大数据推动行政审批流程优化，加快在线审批进程，提高行政审批效率； ③ 加强和改进市场监管，构建大数据监管模型，加强事中事后的监管和服务，推动政府治理的精准化

5.5.4 明确实施进度安排

实施意见对农业农村大数据应用和发展的进度做出了安排，具体如图 5-6 所示。

5.5.5 加强组织领导和保障

农业大数据发展所需的组织领导和保障措施见表 5-2。

1 2016—2018年基本完成数据的共用共享

创新农业部数据资源共享机制，加快完善数据指标和标准，率先在部内实现数据资源的共建共享。在国务院统一部署下，推进在国家共享平台上共享交换涉农部门的数据。启动全球农业数据调查分析系统的建设。分品种、分区域开展试点，启动以消费为导向的全产业链监测体系的建设；在产粮大县、生猪大县探索产量预测、供需情况等方面的大数据建设；选择若干小品种产品，开展全样本数据监测试点。各级农业行政主管部门根据本区域优势产业和特色产业开展试点示范

2 2019—2020年逐步实现政府数据集向社会开放

在确保安全前提下推动农业部门公共数据资源的开放。完成农业部门数据资源清单和数据开放计划的制订，推动农业部门政府数据资源统一汇聚并集中向各类农业生产经营主体开放。基本建成全球农业数据调查分析系统，强化国家农业数据中心的功能和作用，在此基础上整合构建国家涉农大数据中心。扩大大数据建设试点，增加试点品种，试点范围逐步覆盖到蔬菜大县、国家现代农业示范区和新型农业生产经营主体

3 2021—2025年建成全国农业数据调查分析系统

建成国家农业数据云平台，建立完整的农业数据监测制度、专业的农业数据分析制度、统一的农业数据发布制度、有效的农业信息服务制度，形成农业农村大数据“一张图”。在总结试点经验的基础上，农业农村大数据建设逐步覆盖主要农产品、主产区和各类农业生产经营主体，推动农业数据监测统计向全样本、全数据过渡。实现农业农村大数据与现代农业的全面融合，智慧农业取得长足进展，大数据作为农业农村经济新型资源要素的作用得到充分发挥

图5-6　农业农村大数据应用和发展的进度安排

表5-2　农业大数据发展所需的组织领导和保障措施

序号	措施	说明
1	落实各级农业部门责任	① 切实发挥农业部门在发展农业农村大数据中的牵头作用，会同有关部门，共同推动形成职责明确、协同推进的工作格局； ② 农业部机关司局各负其责，会同归口事业单位按照分工制订落实方案，明确责任，细化措施，确保各领域工作任务落实到位； ③ 各省级农业部门要建立统筹协调工作机制，结合自身实际，制订相关政策措施，加大工作落实力度，确保农业农村大数据建设的顺利开展
2	推进完善基础设施	① 推动完善电信普遍服务机制，加快农村信息基础设施建设和宽带普及，加强现有信息采集网络的硬件设施配备，实现设施设备的升级换代； ② 按照共享共用、协作协同、分工分流的原则，推进建立完善的数据采集渠道和监测网络； ③ 强化云计算基础运行环境，提升通过传统方式和基于互联网等现代方式采集、处理农业农村大数据的支撑能力

（续表）

序号	措施	说明
3	创新投入和发展机制	① 按照农业农村大数据的发展需求，在充分利用已有项目资金的基础上，积极拓宽资金来源渠道，强化资金保障； ② 探索市场化可持续发展机制，支持采用政府购买服务、政府与企业合作（PPP）等方式，积极规范引导社会资本进入农业农村大数据领域； ③ 鼓励市场主体和社会公众开展农业农村大数据的增值性、公益性开发和创新应用，引导培育农业农村大数据交易市场，为涉农大数据企业发展提供良好的环境
4	提升科技支撑能力	① 在统筹考虑现有布局和利用现有科技资源的基础上，加强农业农村大数据科研创新基地和实验室的建设； ② 鼓励科研力量联合攻关，重点加强大数据获取技术、海量数据存储、数据清洗、数据挖掘和分析、数据可视化、信息安全与隐私保护等领域的关键技术的研发，形成安全可靠的大数据技术体系； ③ 建立多层次、多类型的农业农村大数据人才培养体系，加强职业技能人才培养，培育农业农村大数据技术和应用创新型人才
5	健全规章制度	① 研究制订农业农村大数据公开、开放、保护等方面的规章制度，规范管理农业农村数据资源的采集、传输、存储、利用、开放、共享，促进数据在风险可控原则下最大限度地开放共享； ② 推动出台相关法律法规，加强对农业农村大数据基础信息网络和重要信息系统的安全保护

5.6 农业大数据的落地实施

5.6.1 国家农业大数据中心的建设

5.6.1.1 建设国家农业大数据中心的作用

（1）为精准农业决策提供支持服务

决策分析是精准农业技术体系中的核心环节，它往往需要融合农田小区域作物、土壤、环境空间差异化的数据，并进行实时的数据处理，为精准作业提供支撑。虽然专家系统、作物模拟模型、作物生产决策支持系统等传统的生产决策技术取得了一些成果，但效果并不理想。决策分析利用大数据处理分析技术，集成作物自身生长发育情况以及作物生长环境中的气候、土壤、生物、栽培措施因子等数据，综合考虑经济、环境和可持续发展的目标，弥补专家系统、模拟模型在多结构、高密度数据处理方面的不足，为农业生产决策者提供精准、实时、高效、可靠的辅助决策。

（2）有效地监测与控制农业生产环境

农业生产环境监测与控制系统属于复杂的大系统，贯穿农业信息获取、数据传输与网络通信、数据融合与智能决策、专家系统、自动化控制等整个流程，并在大田粮食作物生产、设施农业、畜禽水产养殖等方面广泛应用。随着传感器技术的不断发展，农业信息获取的范围越来越广，从农作物生长过程中的营养数据、生理数据、生态数据、根系发育数据以及大气、土壤、水分、温度等农作物生产环境数据，到针对畜禽个体、群体的生长发育、环境和健康数据以及动物个体行为、群体行为、动物监控状况数据等，数据传输的精度越来越高、频率越来越快、密度越来越大，数据综合程度越来越强。农业生产利用大数据技术能突破多源数据融合、高效实时处理等方面的瓶颈，实现农作物生长过程的动态、可视化分析与管理以及畜禽养殖的个性化、集约化、工厂化管理。

（3）农业科学大数据处理

农业大数据不仅为农业科研提供了信息支撑，更增强了农业科研的分析能力，提高了准确性和可靠性。大数据从两个方面对农业科研产生了深远的影响。一方面，就生物信息学领域而言，大数据在科学研究的过程中产生了海量数据，以蛋白模拟参数计算为例，一周数据量约为 10GB，若缺少有效的数据处理平台，将很难取得重大农业科学问题的突破。农业生产应该充分利用农业大数据技术发展的机会，面向生物信息学的基因计算、基因测序、生物模拟等高性能计算服务，创新农业科研方式，提高我国农业科研创新能力。另一方面，其他农业科研活动中的农田试验数据、生化分析数据、网络资源、农业测量数据、远程监控数据、基因图谱数据、野外调查数据等迫切需要进行集成共享数据，农业生产通过各类科研数据资源的整合，为科研育种、农业试验、模型研究、资源共享提供支撑。

（4）农业市场数据监测预警

农业市场数据监测预警是指全产业链地信息采集、数据分析、预测预警与信息发布。目前这类数据非常庞大，常规的数据分析方法根本无法监测预警这类数据。利用大数据智能分析和挖掘技术实现农业数据的快速采集、数据关联分析预测、预警模型建立、预警多维模拟和可视化等功能，将大幅度提高农业监测预警的准确性。

（5）农产品物流管理

大数据技术可以提高农产品物流组织化的程度。农产品物流通过实时采集农产品加工、包装、存储、运输、配送等各环节数据，并实时处理和分析，可以实现农产品物流运输的统筹、农产品仓储的统筹以及农产品物流配送优化等；

同时，综合分析与农产品物流相关的大数据，可以解决农产品物流过程数据采集环节多、接入手段复杂、各环节质量安全数据难以融合、监管环节链条发生脱节等问题。

（6）农业农村综合信息服务

按照“平台上移，服务下延”的思路，农业农村综合信息服务集成与整合各分散的信息资源，并在全国范围内共享信息资源。它还利用大数据技术，分析复杂多样、动态时变的农业用户信息行为，研究大规模服务及用户动态需求组合的学习和进化机制模型，突破农户需求智能聚焦技术，实现信息服务按需分配以及云环境下大规模部署的智能系统服务与庞大的“三农”用户群的多样性、地域性、时变性等个性化需求的快速对接。

5.6.1.2 我国农业大数据中心建设数据基础

20 世纪 90 年代，我国相继启动了一系列重大的农业信息化项目，农业农村信息化方面的投资逐年增加，形成了较为稳定的农业数据采集、存储、管理、分析与发布平台。这些项目储备了海量的农业数据，为国家农业大数据中心的建设提供了必要的数据支撑。

（1）金农工程项目

金农工程是 1994 年 12 月在“国家经济信息化联席会议”第三次会议上提出的，其目的是加速和推进农业和农村信息化，建立农业综合管理和服务信息的系统工程。

“金农工程”由农业部牵头，国家计委、国家粮食局、中农办等部门配合。从 2003 年第一期工程开始，该项目就以增强政府宏观调控能力和综合服务能力，增强农民信息意识和信息利用能力，增强农产品国际市场竞争力为目标，具体建设任务如图 5-7 所示。

一期工程设计建成一系列的农业信息资源数据库，中国农业科学院全面参加了金农工程建设任务，并承担了其中农业科技信息分中心的建设和维护工作，具体介绍如图 5-8 所示。

（2）农业科学数据共享中心项目

农业科学数据共享中心项目是以满足国家和社会对农业科学数据共享服务需求为目的，立足于农业部门，以数据源单位为主体，以数据中心为依托，通过集成、整合、引进、交换等方式汇集国内外农业科技数据资源后，对其进行规范化加工处理，并分类存储，最终形成覆盖全国、联结世界，可提供快速共享服务的网络体系。该体系采取边建设、边完善、边服务的原则逐步扩大建设范围和共享服务范围。

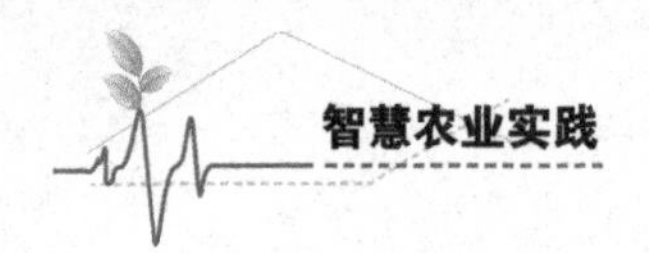

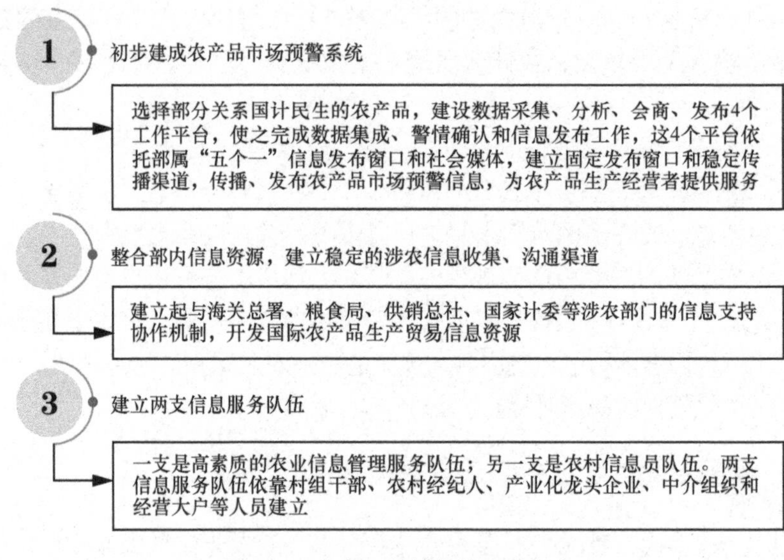

图5-7　金农工程的具体建设任务

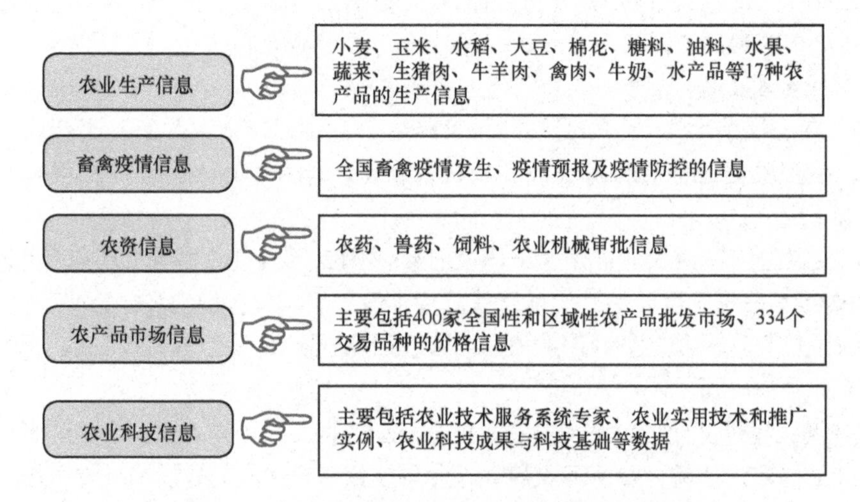

图5-8　金农工程项目建成的农业信息资源数据库

在该项目中，农业科学数据是指从事农业科技活动所产生的基本数据，以及按照不同需求而系统加工整理的数据产品和相关信息。农业科学数据是农业科技创新的重要基础资源，通过建设农业科学数据中心，我们可以为农业科技创新、农业科技管理决策提供农业科学数据信息资源的支撑和保障。

该中心按图 5-9 所示的十二大主题，分年度收集与农业科技有关的各类数据，并对其进行数字化加工与整合，以后逐年更新和维护主体数据库。

图5-9 农业科学数据共享中心项目的十二大主题

（3）农村信息化示范省项目

2010 年，科学技术部联合中共中央组织部、工业和信息化部启动国家农村信息化示范省建设试点工作。示范省建设按照“平台上移、服务下延、公益服务、市场运营”的基本思路，依托全国党员干部现代远程教育网络，搭建“三网融合”的信息服务快速通道，构建“资源整合、统一接入、实时互动、专业服务”的省级综合服务平台，促进基层信息服务站点可持续发展。

（4）全国农技推广信息化项目

该项目由农业部和科学技术部支持的多个项目组成，从 2005 年农业部支持中国农业科学院农业信息研究所建设中国农业推广网开始，农业部一直支持中国农业科学院农业信息研究所主持公益性行业（农业）科研专项“基于信息技术的基层农技推广服务技术集成与示范”。该项目通过信息化管理“全国农技推广补助县项目”，目前在全国形成了由 24 万名基层农业技术员组成的农业技术信息采集队伍，采集的信息涵盖作物播种、主导品种、主推技术、作物生长、土壤、农田、植物保护、畜禽疫情、农产品价格、农资价格、农业实用技术、农民培训课件等方面。

5.6.1.3 我国农业大数据中心的主要内容

国家农业大数据中心包括的内容如图 5-10 所示。

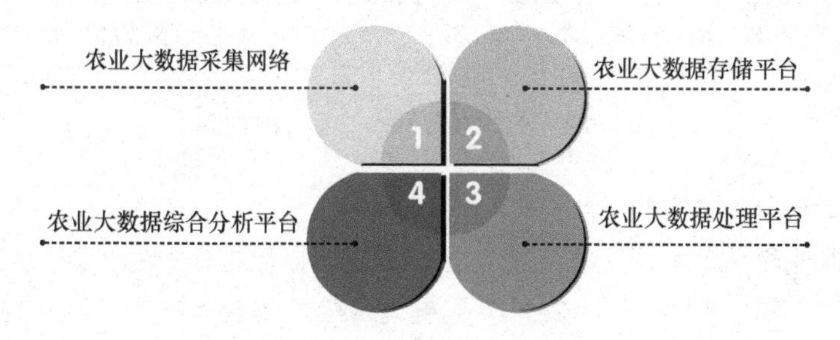

图5-10 农业大数据中心的主要内容

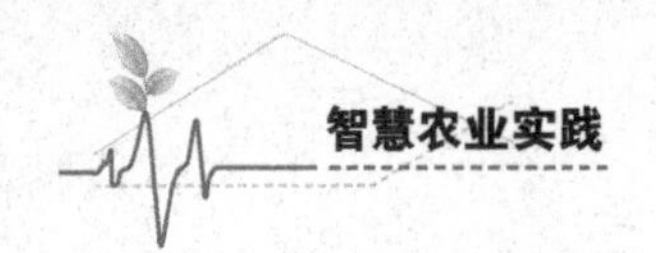

（1）农业大数据采集网络

农业大数据采集网络围绕有耕地、育种、播种、施肥、植保、收获、储运、农产品加工、销售等农业各环节，依托现有的信息技术，建立交叉、立体、融合的农业大数据采集网络，具体如图 5-11 所示。

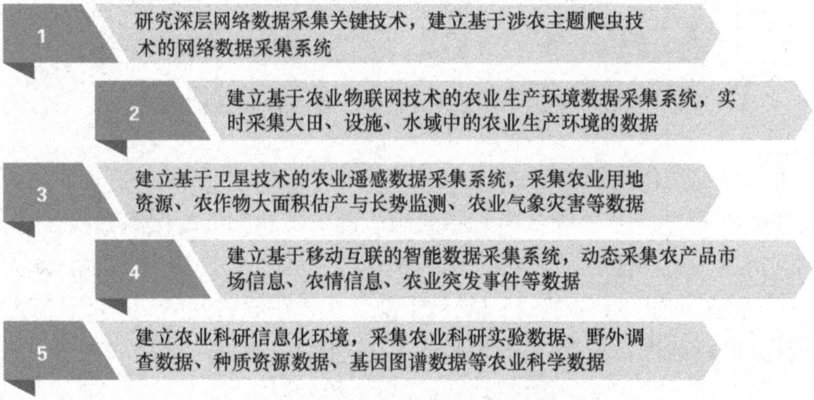

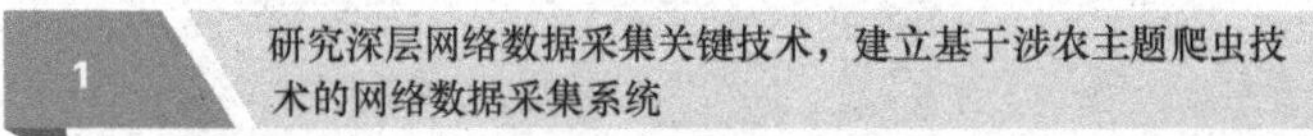

图5-11　农业大数据采集网络的内容

（2）农业大数据存储平台

农业大数据存储平台以云计算的技术架构和开放的应用体系为支撑，研究适用于农业大数据的按需分配、动态伸缩、负载平衡、配置自动化等需求的海量存储技术，统一接入、存储和高效处理海量农业数据资源，为农业大数据中心的海量数据提供存储服务，具体内容如图 5-12 所示。

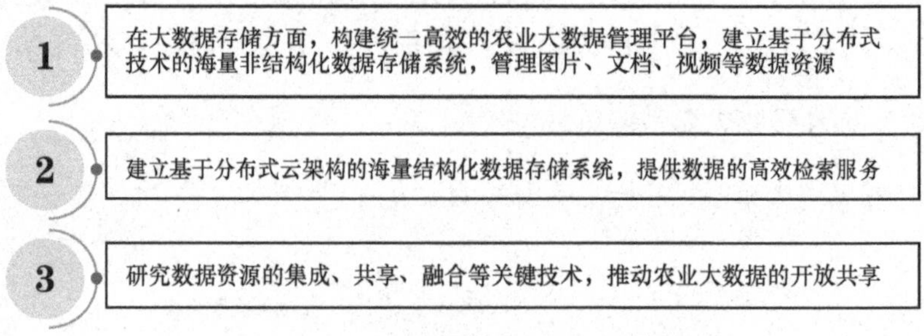

1 在大数据存储方面，构建统一高效的农业大数据管理平台，建立基于分布式技术的海量非结构化数据存储系统，管理图片、文档、视频等数据资源

2 建立基于分布式云架构的海量结构化数据存储系统，提供数据的高效检索服务

3 研究数据资源的集成、共享、融合等关键技术，推动农业大数据的开放共享

图5-12　农业大数据存储平台的内容

（3）农业大数据处理平台

大数据处理平台主要处理海量农业数据，根据数据模式的不同，可以分为批量数据处理、实时数据处理、关系型数据处理等。农业大数据处理平台需要建设的主要内容如图 5-13 所示。

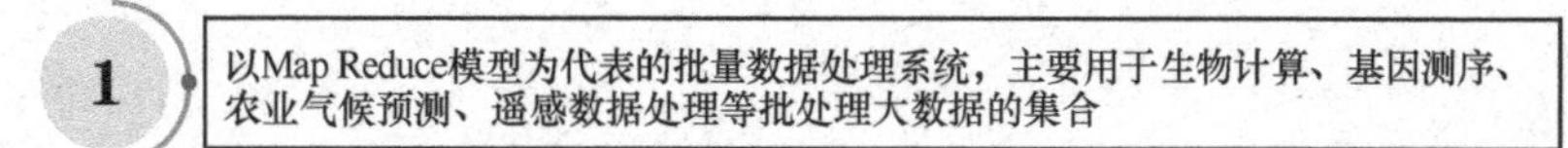

1. 以Map Reduce模型为代表的批量数据处理系统，主要用于生物计算、基因测序、农业气候预测、遥感数据处理等批处理大数据的集合
2. 以Storm技术为代表的流数据处理系统主要针对农业领域中实时性较强的市场数据、灾害数据等
3. 以并行处理为基础的并行数据库系统主要处理农业领域的海量关系数据集合

图5-13 农业大数据处理平台建设的内容

（4）农业大数据分析及挖掘平台

农业大数据分析及挖掘平台主要改进已有的数据挖掘和机器学习算法，使其适合农业领域。农业大数据分析及挖掘平台建设的主要内容如图 5-14 所示。

1. 开发数据网络挖掘、特异群组挖掘、图挖掘等新型数据挖掘技术
2. 突破基于对象的数据连接、相似性连接等农业领域的大数据融合技术，主要分析人们对农产品消费需求、农产品生产管理等
3. 基于图理论的农业社会网络分析系统，重点挖掘农业元素、主体之间存在的网络关联
4. 研究农业大数据可视化关键技术，支持所有结构化的信息表现方式，包括图形、图表、示意图、地图等，实现农业大数据分析的可视化

图5-14 农业大数据分析及挖掘平台建设的内容

5.6.2 基于云计算和大数据的智慧农业平台建设

智慧农业云平台是将物联网、移动互联网、云计算等信息技术与传统农业生产相结合，从而搭建的农业智能化、标准化生产服务平台，该平台旨在帮助用户构建一个“从生产到销售，从农田到餐桌”的农业智能化信息服务体系，为用户带来一站式的智慧农业的全新体验。智慧农业云平台可广泛应用于国内外大中型农业企业、科研机构、各级现代化农业示范园区与农业科技园区，助力农业生产向标准化、规模化、现代化方向发展。

5.6.2.1　智慧农业平台应满足的功能

（1）远程智能监控

智慧农业云平台集成了传感器、控制器、摄像头等多种物联网设备，生产者借助个人电脑、智能手机就能实时监测农业生产现场的气候变化、土壤状况、作物生长、水肥使用、设备运行等，该平台还能对异常情况自动报警提醒，让生产者及时采取防控措施，降低生产风险；同时在云平台上，生产者可远程自动控制生产现场的灌溉、通风、降温、增温等设施设备，实现农业的精准作业，减少人工成本的投入。

（2）标准生产管理

云平台可根据农业生产的需求，定制建立标准化的生产管理流程，该流程一经启动，平台将自动创建、分配与跟踪任务。工作人员可在手机上收到平台发布的任务指令，并按任务要求进行农事操作并汇报工作。同时，管理者亦能在平台中给工作人员分派任务，并监督工作，还可随时随地了解园区的生产情况。

（3）产品安全溯源

云平台可以帮助用户进行农产品的品牌管理，并为每一份农产品建立完整的溯源档案。通过云平台，生产者可投入物品生产，并记录管理农产品的检测、认证、加工、配送等信息，相关信息可自动添加到农产品的溯源档案中。云平台通过部署在生产现场的智能传感器、摄像机等物联网设备，可自动采集农产品的生长环境数据、生长期图片信息、实时视频等，丰富农产品档案。云平台利用一物一码技术，将独立的防伪溯源信息生成独一无二的二维码、条形码及14位码，用户使用手机扫描二维码、条形码，或登录云平台录入14位码，即可快速通过图片、文字、视频等方式，查看农产品从田间生产、加工检测到包装物流的全程溯源信息。使用一物一码技术生成的各种码，一次扫码后即无效，这种方式可实现有效防伪。

（4）市场网络营销

智慧农业云平台的快速建站功能，可以帮助用户轻松建设自己的官方网站，后期还可以根据企业的营销需求，随时编辑内容，实现管理维护。智慧农业云平台所搭建的网站可实现电脑、手机多终端适配，让更多的客户快速通过网站了解企业。智慧农业云平台的农产品电子商务功能可以帮助用户搭建自己的电子商务平台，用户只需要通过简单操作即可发布与销售产品。同时云平台深度集成微信公众号，消费者通过微信公众号即可进入农产品电子商务商城，并且可以随时查看农产品种植基地的环境数据、实时视频等，有助于增强消费者对农产品的体验以及对企业的信任，促进农产品的销售。

（5）农技指导咨询

智慧农业云平台汇聚了大量的农业专家资源，并搭建了涵盖蔬菜、瓜果等主要作物的农学知识库。用户可在云平台上通过图片、文字、语音等方式向专家进行远程技术咨询，以获取专家的远程指导。用户还可以在平台上进行自助咨询，快速获取由系统智能应答的农技指导；同时在云平台上，用户可以添加专家、其他生产者为好友，或者在云平台交流中心进行交流，以获得更多的农技指导信息。

5.6.2.2 智慧农业平台的三个层次

智慧农业平台分三个层次，如图 5–15 所示。

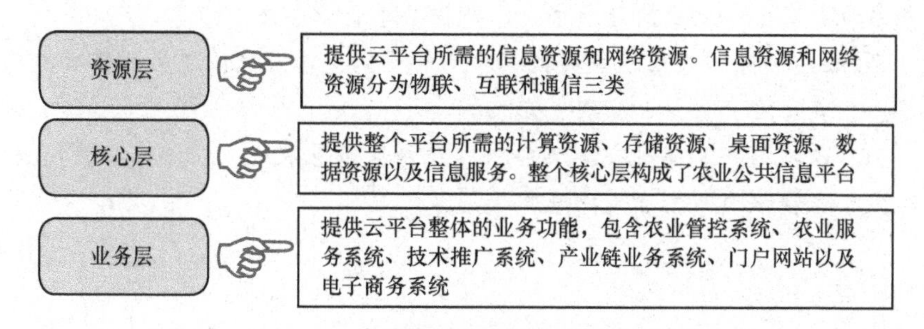

图5–15 智慧农业平台的三个层次

除三个层次之外，智慧农业平台还有两类接入实体与云平台互动，形成完整的智慧农业云平台生态环境。

某省智慧农业云平台系统涉及的十大业务

某省智慧农业云平台系统整合了农业物联网、生态循环、农业产业化等共 10 块相关业务资源，形成了智慧农业大数据中心。

1. 农业物联网：集中展示和统一管理全省物联网应用点，实时掌握物联网的建设情况。

2. 生态循环：不间断地实时监控、可视化管理和集中展示全省农业环境监控点，掌握生态环境情况，实现异常预警。

3. 农业产业化：整合并分析全省特色和优势产业的分布、经营主体数量，全产业链年产值等产业数据，反映了农业现代化整体水平。

4. 种植业管理：全方位分析和展示主导产业的种植总面积、总产量、产业分布、市场行情、经营主体等整体发展状况和植物保护情况。

5. 质量安全：将农业生产主体、农资经营主体和“三品一标”农产品纳入监管，实现农产品的正向监管和逆向溯源。

6. 农村经营：整合全省农村基层组织、人口、收益、负债、土地流转、专业合作社等数据，该数据可以直观地展示农村的过去、现状和未来发展趋势。

7. 农业机械管理：整合与农机相关的业务和数据，为农机调度和决策管理提供科学依据。

8. 畜牧业管理：整合全省畜牧生产、流通、屠宰加工和无害化处理等业务系统，实现畜牧业的资源整合、数据共享和业务协同。

9. 应急预警：采用物联网技术，实时了解灾害或疫情发生的情况及影响范围，实现灾变预警和应急处置。

10. 农技推广：通过公共服务中心、科技示范基地、农技专家等数据，反映我省农技推广体系建设的情况。

5.6.3 提升 12316 平台用户体验和服务质量

“12316”是全国农业系统公益服务统一专用的号码。12316 中央平台是一个集“12316”热线电话、网站、电视节目、手机 App、微信、微博等于一体，多渠道、多形式、多媒体相结合的综合信息服务平台。其包括“一门户、五系统”，即 12316 门户、监管平台系统、语音平台系统、短彩信平台系统、农民专业合作社经营管理系统、双向视频诊断系统。

除了 12316 中央平台，各省市也建立了省市的 12316 平台，如图 5-16 所示。

5.6.4 开发智慧农业手机 App

5.6.4.1 智慧农业手机App系统概述

智慧农业手机 App 系统能实时获取大田或者温室大棚内部的空气温湿度、土壤水分、二氧化碳浓度、光照强度等数据及视频图像等；通过模型分析，还可以自动控制温室湿帘风机、喷淋滴灌、内外遮阳、顶窗侧窗、加温补光等设备，智慧农业手机 App 界面如图 5-17 所示。

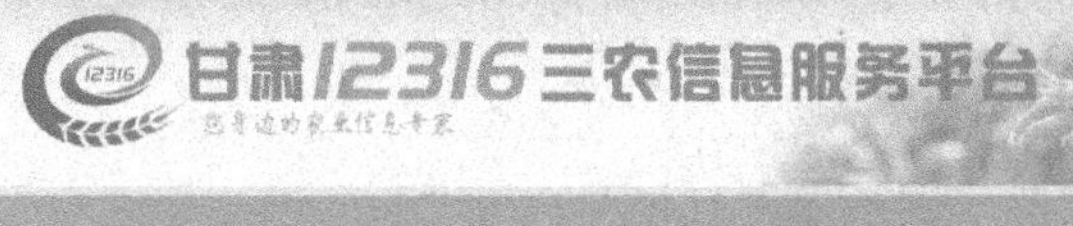

图5-16 甘肃12316平台首页界面

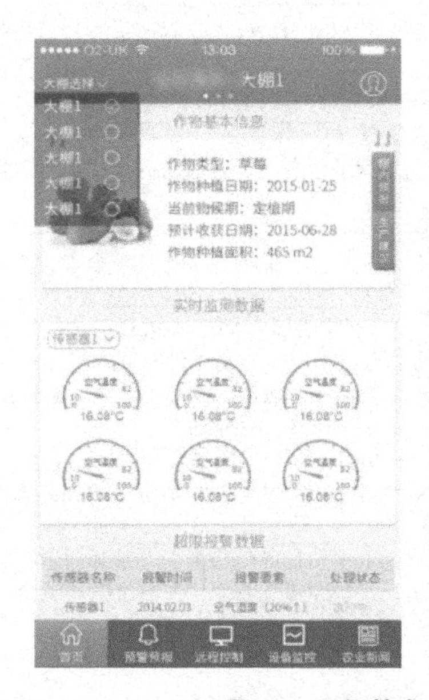

图5-17 智慧农业手机App界面

系统还可以通过手机、平板电脑、计算机等终端向管理者推送实时监测信息、报警信息，实现温室大棚信息化、智能化的远程管理，充分发挥物联网技术在设施农业生产中的作用，以此保证温室大棚内最适宜农作物生长的环境，从而实现精细化的管理，为农作物的高产、优质、生态、安全创造条件，帮助客户提高效率、降低成本、增加收益。

5.6.4.2 智慧农业手机App系统的基本功能

智慧农业手机 App 系统应满足的基本功能见表 5-3。

表5-3 智慧农业手机App系统的基本功能

序号	基本功能	说明
1	农业生产环境实时监控	① 用户通过手机远程查看农业生产的实时环境数据，包括空气温度、空气湿度、土壤温度、土壤湿度、光照度、二氧化碳浓度、氧气浓度等。用户远程实时查看视频监控，并保存录像文件，防止农作物被盗等； ② 农业生产环境报警记录及时提醒，用户可直接处理报警信息，系统记录处理信息，可以远程控制各项智能设备； ③ 用户可远程、自动化控制智能设备，如灌溉系统、风机、侧窗、顶窗等，提高工作效率； ④ 用户可以查看农业生产环境数据的实时曲线图，及时掌握农作物的生长环境
2	智能报警系统	① 系统可以灵活地设置不同环境参数的上下阈值。一旦超出阈值，系统可以根据配置，通过手机短信、系统消息等方式提醒管理者； ② 系统可以根据报警记录查看关联的设备，这样相关人员可以更加及时、快速地控制设备及处理环境问题； ③ 系统可及时发现不正常状态设备，通过短信或系统消息及时提醒管理者，保证系统稳定运行
3	远程自动控制	① 用户通过手机端可以远程自动控制农业生产环境设备，如自动灌溉系统、风机、顶窗等，用户足不出户便可远程控制设备； ② 用户可以远程设置，让整个农业生产设备随环境参数变化而自动工作，比如当土壤湿度过低时，温室灌溉系统自动开始浇水； ③ 用户可以通过手机在任意地点远程控制农业生产的所有智能设备
4	历史数据分析	① 系统可以通过不同条件组合查询、对比历史环境数据； ② 系统支持列表和图表两种不同方式，用户通过这两种方式可更直观地看到历史数据曲线； ③ 与农业生产数据结合建立统一的数据模型，系统通过数据挖掘等技术分析更适合农作物生长、最能提高农作物产量的环境参数，辅助用户决策
5	视频监控	① 视频采集； ② 视频存储； ③ 视频检索及播放
6	农业知识	① 知识采集； ② 知识检索及共享

第6章

智慧农业之农产品电商

随着互联网的普及，现代农业的转型升级成为当前智慧农业发展的主要方向，其应用逐渐以运营服务为主，其中包括农业经营主体的能力提升以及对农产品生产、流通、销售全产业链的数字化、信息化的运营服务。

农业与互联网的深度融合主要有两个增长点：一是生产领域的智慧农业；二是流通领域的农产品电商。

发展农产品电商有利于推动农产品的网上交易和大宗农产品的电子交易等，并实现优质、特色的农产品网络零售等。

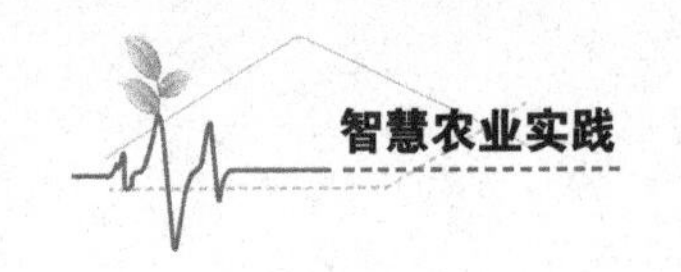

6.1 农产品供应链的特点

农产品供应链是以农产品为特定范围的供应链，是指由种子、农具等生产资料供应商，农产品的生产者，农产品加工商、分销商、批发商、零售商等生产资料供应商以及消费者组成的一个功能型网链结构。

农产品与工业产品不同，本身具有地域性、季节性、有机性、易腐性等特性，同时，生鲜农产品又是人们的生活必需品，它的价格弹性和收入弹性小，具有消费普遍性和分散性的特点。农产品的这些特性导致了其供应链不同于工业品的供应链。农产品供应链的特点有以下几个方面内容。

6.1.1 参与者众多，结构复杂

农产品供应链较长且各个环节的参与者较多，参与者包括农资批发商、零售商，农户，农产品加工商，批发商、零售商和最终消费者。可见，农产品供应链跨越了第一产业、第二产业和第三产业。另外，农产品种植区域分散、品种较多、质量参差不齐，加上农户数量众多等因素，使农产品供应链各个环节的衔接问题更加复杂。

6.1.2 受自然条件影响较大

农产品生产以自然再生产为基础，具有土地依赖性、季节性、周期性强的特点，这导致农产品的产地分散，其产量受自然条件，特别是气候条件变化的影响，农产品价格会产生“蛛网式”波动。

6.1.3 对农产品的质量安全要求较高

农产品的质量安全直接影响人们的健康。随着社会经济的发展和群众生活水平的提高，人们对食用农产品的质量要求越来越高，尤其是近几年的食品安全事件频频出现，增强了人们的食品安全意识。

6.1.4 对物流要求较高

物流是保证农产品能保质保鲜及时地送达消费者手中坚实的基础。农产品生产具有地域性和季节性，而农产品的消费具有普遍性和常年性，因此，农产品往往需要远距离运输且要保持适量的库存，这就要求农产品物流要具备良好的运输条件和仓储调节功能。为保证农产品的新鲜和品质，农产品在储存期间和运输过程中都需要有较好的低温保鲜技术。

6.1.5 信息共享难，市场不确定性较大

农产品供应链包含的环节较多。从上游看，主要的节点是农户。上游节点存在的问题是农村信息网络和通信设施相对落后，农户接触的社会网络单一，信息获取渠道窄，而农产品交易的信息往往有很强的时效性，这使得农产品供应链的信息传递出现困难。从下游看，主要节点是农产品的消费者。下游节点存在的问题是消费者来自不同的地区且饮食习惯、收入水平和消费水平均不同，需求偏好也就有很大的差异性和多样性，而这些信息很难被整合起来并送到农户手里。

6.1.6 农副产品种类多

农副产品种类较多，包括标准化产品和工业化产品，如加工食品、粮油、调味品等，这些产品易于仓储保管，但水果、水产、冷鲜肉等农产品对物流仓储保管条件要求较高，给仓储物流带来了较大的管理难度。农副产品种类见表 6-1。

6.2 传统农产品产业链流通环节

传统农产品产业链流通环节众多，从农户到消费者手中要经历多个流通环

表6-1 农副产品种类

种类	明细	备注
包装食品	蜂产品、茶叶产品等	产品趋工业化和标准化，物流配送相对容易
加工食品	焙烤食品、酱腌菜、加工脱水蔬菜、水果蔬菜脆片、食用菌产品、乳制品、豆制品、咖啡粉、小麦粉等	
食用植物油	花生油、豆油、胡麻油、食用红花籽油等	
粮食类产品	大麦、燕麦、粟米、荞麦、高粱、四色小米、豆类、玉米、大米、花生等	
干果产品	干果、坚果、果脯等	
调味品	味精、食用糖、番茄酱、香辛料、食用盐等	
饮料产品	果汁、蛋白饮料、含乳饮料、冷冻饮品等	
畜禽产品	牛、羊、猪、鸡、鸭等肉类，蛋及蛋制品，虾、蟹、鱼等	生鲜商品对电商物流配送要求高
四季果品	全国范围的各类水果等	
冷冻食品	速冻蔬菜、海产、水产等	

节，由于流通环节多，各个环节层层加码，最后到了消费者手里价格可能翻了几倍。同时，流通环节众多，也不利于食品监管，食品监管相关部门人力、物力有限，难以在各个环节监管到位。除了传统农产品流通模式外，近几年出现了许多新兴流通模式，如“农户 + 专业市场”模式、“农户 + 龙头企业”模式、“农户 + 专业合作组织”模式、“农超对接”模式、“农户 + 电商平台”模式等。

6.2.1 传统农产品组织模式

目前我国以传统农产品供应链为主，其整体供应链的结构如图 6-1 所示。

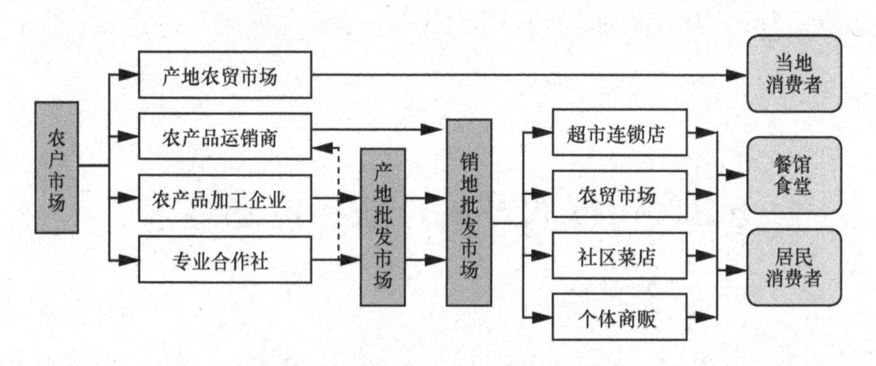

图6-1 传统农产品供应链模式

6.2.2 “农户 + 专业市场”模式

“农户 + 专业市场”模式以农产品专业批发市场为依托，通过建立影响力大、辐射力强的农产品专业批发市场来集中销售农产品，将农户生产的农产品送到消费者手中。该模式是最常见的传统农产品供应链的组织模式，如图 6–2 所示。

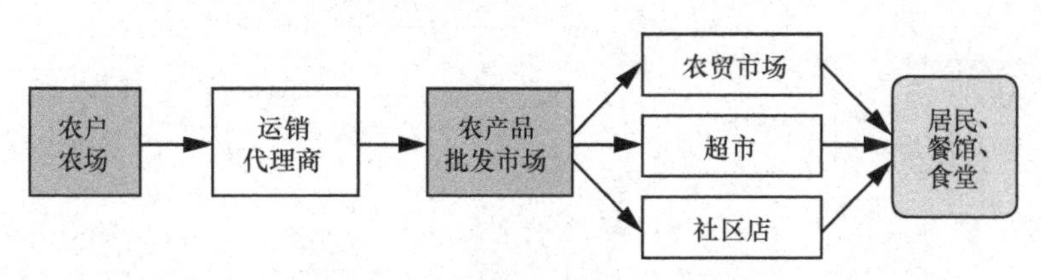

图6–2 “农户+专业市场”模式

6.2.3 “农户 + 龙头企业”模式

“农户 + 龙头企业”模式是一种典型的农业产业化经营组织模式。该模式是指龙头企业通过订单的方式与生产基地的农户签订长期合同，在产品质量、安全性方面具有标准化。在实际运作中，该模式又有两种形式，一是生产基地的农户直接与龙头企业合作，农户负责为企业生产农产品；二是生产基地的农户组建专业合作社，由合作社牵头与企业签订契约，农户作为专业合作社社员生产农产品，企业负责收购，如图 6–3 所示。

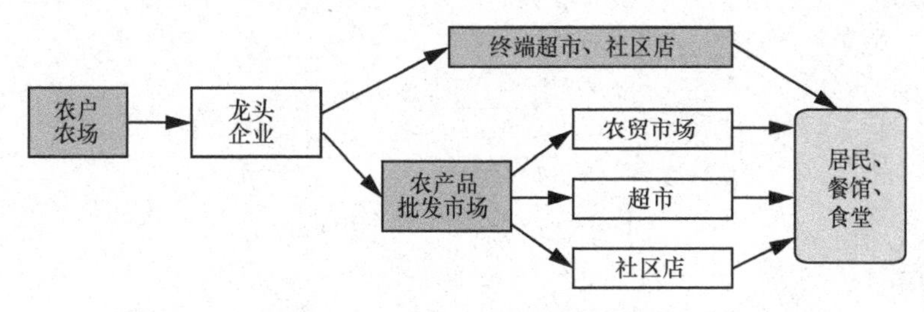

图6–3 “农户+龙头企业”模式

6.2.4 “农户 + 专业合作组织”模式

“农户 + 专业合作组织”模式是指专业合作组织把分散生产经营的农民组织

起来一起面向企业和市场。农民专业合作组织是在坚持家庭承包经营、保持各自财产所有权不变的前提下，按照自愿、互利原则建立的经济互助组织。专业合作组织一方面与农资供应商建立合作关系，稳定农资供应，争取价格优惠，另一方面与农产品加工企业、连锁店、超市等加工销售企业合作，进而形成稳定的销售渠道，如图 6-4 所示。

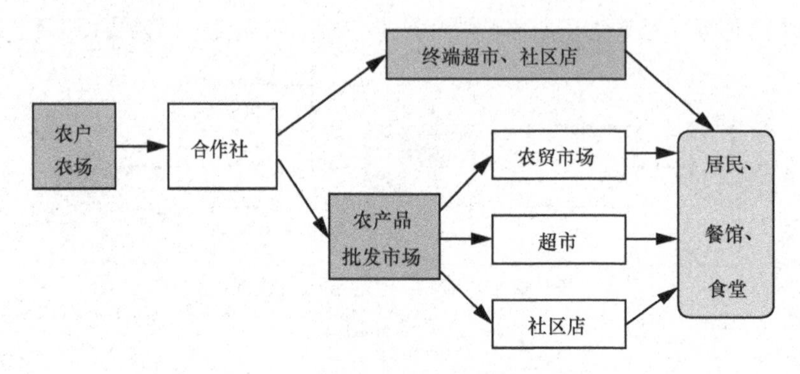

图6-4 “农户+专业合作组织”模式

6.2.5 “农超对接”模式

“农超对接”模式是农民（或农业合作组织、农场）与供应链终端的连锁超市之间通过契约或者约定建立长期的、供应一定品种、数量、规格的农产品，并借以获得合理收益的农产品流通模式。近年来，该模式发展迅速，已经在全国各地普遍推广，在上海、广东等农超发展与农合组织发展较好的地区，成为农产品流通的主流模式，如图 6-5 所示。

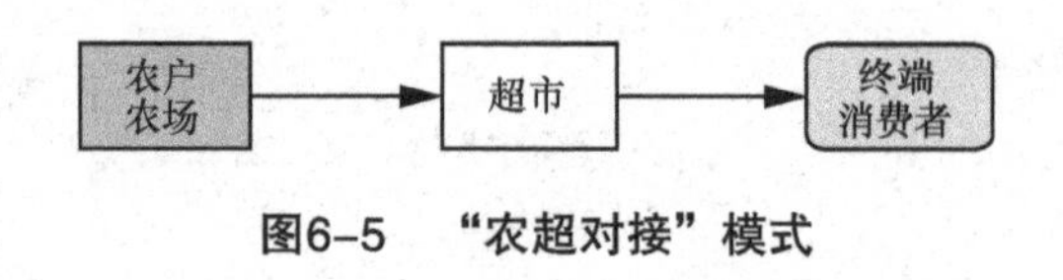

图6-5 “农超对接”模式

6.2.6 “农户 + 电商平台”模式

电商平台是借助自己的用户基础与高效完整的物流体系所形成的商业模式，有 B2C、C2B、F2C 等。其中，B2C 即企业通过互联网为消费者提供一个新型的购物环境——网上商店，消费者通过网络在网上购物、支付；C2B 是一种以消费者为中心，为其提供个性化服务的商业模式；F2C 则去掉层层加价环节，将产品直接配送给消费者。

以上几种商业模式的物流模式都是消费者在网上下单之后，电商企业根据消费者购买的商品与所在的位置选择自营物流（如京东）或者借助第三方物流公司将产品配送到消费者手中，具体如图 6-6、图 6-7 所示。

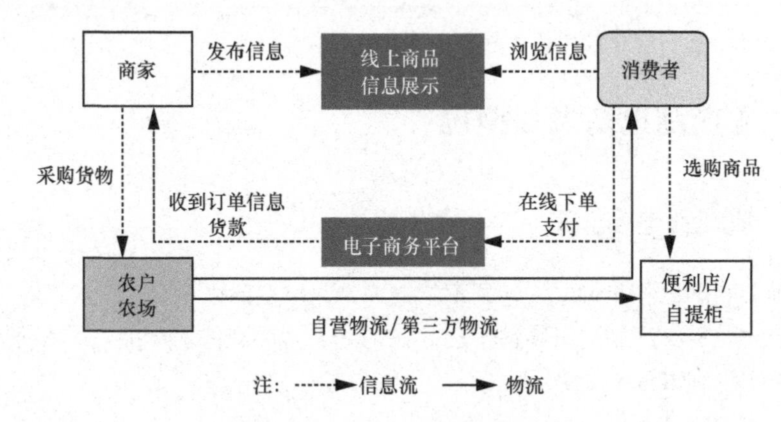

图6-6 “农户+电商平台”模式

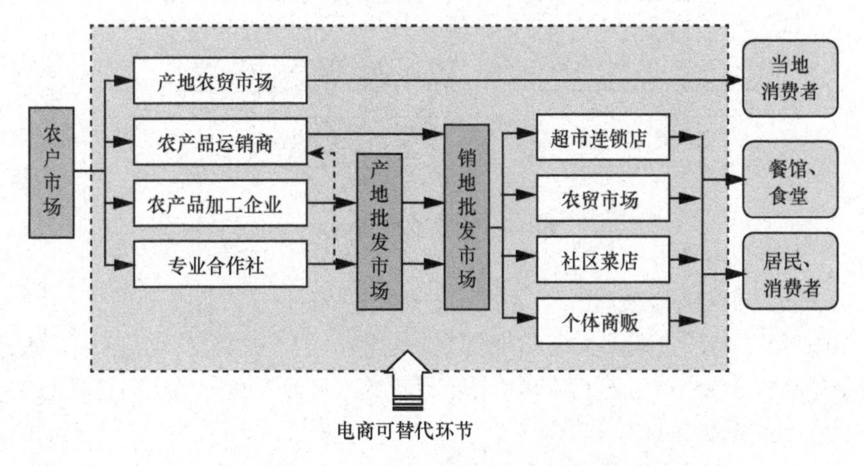

图6-7 农产品电商缩短供应链环节

随着互联网时代的到来，“互联网 +”已被广泛应用到生活的方方面面，在电子商务环境下，农产品网络营销打开了新的销售渠道和销售模式。与此同时，电子商务环境给农产品市场带来了较大的冲击，农产品电商企业绕过市场层层批发和零售环节，直接面对消费者，这种模式的优势随着时代的发展将日益显著。

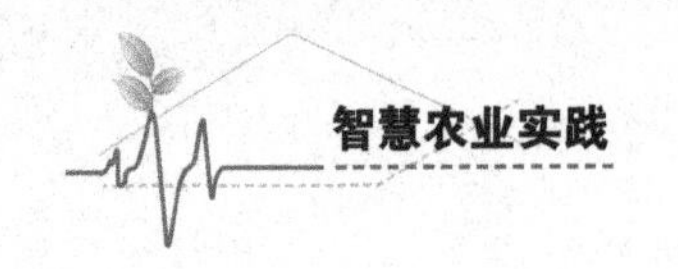

6.3 农产品电商的发展

6.3.1 农产品电商发展概况

6.3.1.1 农产品电商体系

目前，我国已初步形成了包括期货交易、大宗商品电子交易、农产品 B2B 电子商务网站以及农产品网络零售平台等在内的、多层次的农产品电子商务市场体系和网络体系，如图 6-8 所示。

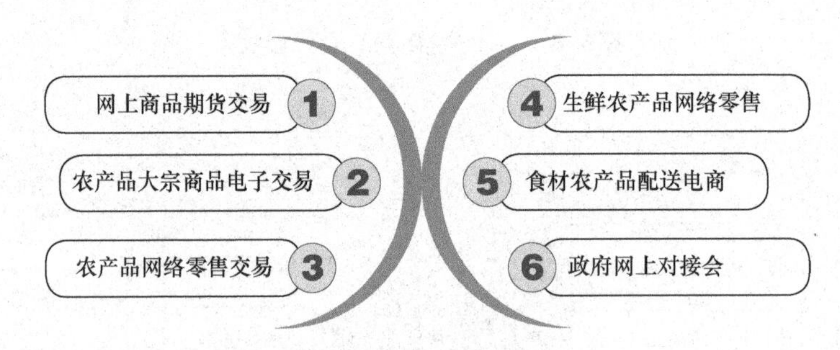

图6-8 农产品电商体系

（1）网上商品期货交易

2015 年以来，我国网上商品期货交易总额达 136.47 万亿元，其中，农产品期货交易品种达 21 个，交易额 48.7 万亿元，约占商品期货市场交易总量的 36%。

（2）农产品大宗商品电子交易

2015 年，我国农产品大宗商品电子交易市场达 402 家（农林牧副渔市场），约占全国大宗商品交易市场总量的 25%，年交易额超过 20 万亿元。

（3）农产品网络零售交易

2015 年，我国农产品网络零售交易额达 1505 亿元，增长超过 50%，农产品跨境交易额超过 200 亿元，其中农产品跨境电商交易额增幅超过 100%。

（4）生鲜农产品网络零售

我国生鲜农产品网上交易主要集中在淘宝、京东两家平台，还有部分在盒马鲜生、本来生活、天天果园、沱沱工社等电商平台，形成了“两超”（阿里系、京东系）“多强”（一些具有竞争力强的农产品平台如天天果园、每日优鲜、一米鲜、顺丰优选、食行生鲜等）“小众”（具有特色农产品电商沱沱工社、多利农庄、中粮我买网等）的竞争格局。2016 年，生鲜电商的整体交易额约 900 亿元，比 2015 年的 500 亿元增长了 80%。对于这样高速增长的市场，即使在资本的寒冬，资本市场依然保持对这个市场的热度。

进口水果、进口水产海鲜、澳洲牛羊肉，依然是生鲜电商企业的主打产品，因为这些进口生鲜品质高且稳定，标准化程度也高。这类产品 2016 年的增长率在 50% ~ 100%。生鲜电商企业向上游渗透极大地帮助了国产农产品品质的提升。生鲜电商企业一方面拉近了生产者和消费者的距离，让优质的农产品能更好地销售出去；另一方面，订单农业也减少了生产者进行技术改良的风险。优质的农产品一般离不开优良的育种、健康的环境（土壤）、现代的技术（有机生态农业技术，减少农药化肥）、适度的规模，这些至少需要 5 ~ 10 年。我们新农业热潮以及电商向上游的渗透也只有 5 年左右的时间，因此我国农产品品质升级的序幕才刚刚拉开，未来国产优质农产品会越来越多。

6.3.1.2 农产品电商发展阶段

自 1994 年以来，我国农产品电商经历了 23 年，已进入第 7 个发展阶段，具体发展阶段如图 6-9 所示。

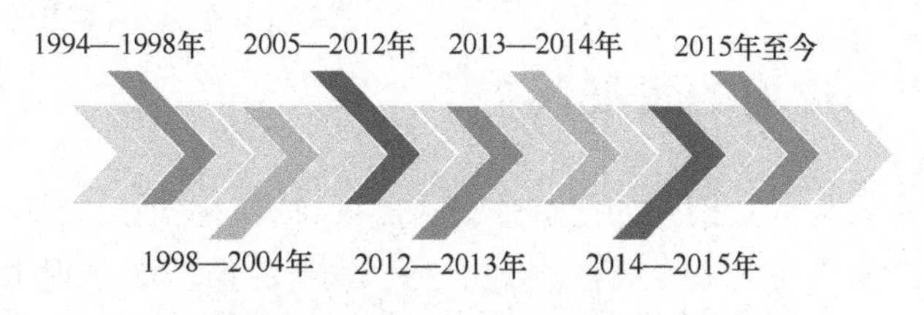

图6-9 农产品电商发展的阶段

（1）第一个阶段：1994—1998 年

1994 年，中国农业信息网和中国农业科技信息网相继开通，信息技术在农产品电商领域的应用处于引入阶段。

（2）第二个阶段：1998—2004 年

此阶段，粮食、棉花开始在网上交易，当时称“粮棉在网上流动起来”。1998 年，第一笔粮食交易在网上实现；1998 年，全国棉花交易市场成立。

（3）第三个阶段：2005—2012 年

2005 年，生鲜农产品开始在网上交易；2009—2012 年，涌现了一大批生鲜电商企业，生鲜农产品在网上交易改写了电子商务交易的客体定义和内容。

但由于激烈的同质化竞争，很多生鲜农产品电商企业都已倒闭。

（4）第四个阶段：2012—2013 年

2012 年年底，生鲜电商企业“本来生活”开展“褚橙进京”；2013 年，电商开启“京城荔枝大战”，许多生鲜农产品电商企业开始探索品牌运营。

（5）第五个阶段：2013—2014 年

这一时期，B2C、C2C、C2B、O2O 等各种农产品电商模式竞相推出，宽带电信、数字电视、新一代互联网、物联网、云计算、大数据等大量先进信息技术被应用到农产品电商中。

（6）第六个阶段：2014—2015 年

农产品电商进入融资高峰期。京东上市融资 17.8 亿美元，我买网融资 1 亿美元，宅急送获得 10 亿美元的投资等。

（7）第七个阶段：2015 年至今

农产品电商进入转型升级的新发展时期，融资和兼并重组进入高潮。

2016 年，生鲜电商市场的融资总额超过 60 亿元，农产品电商成为互联网持续投资的热点，受到国家和地方各级政府的高度重视和大力推动。国内各类农产品（生鲜）电商网站和平台风云突起，淘宝网、京东、顺丰、永辉超市等巨头纷纷投入巨资运营农产品（生鲜）电商，并推动生鲜电商的业务快速增长。

6.3.2 农产品电商的发展趋势

未来各项涉农电商政策，如促进政策、监管政策、长期发展政策会得到进一步落实，农业电商将进入一个新的发展时期，农产品电商将呈现十大发展趋势，具体如图 6-10 所示。

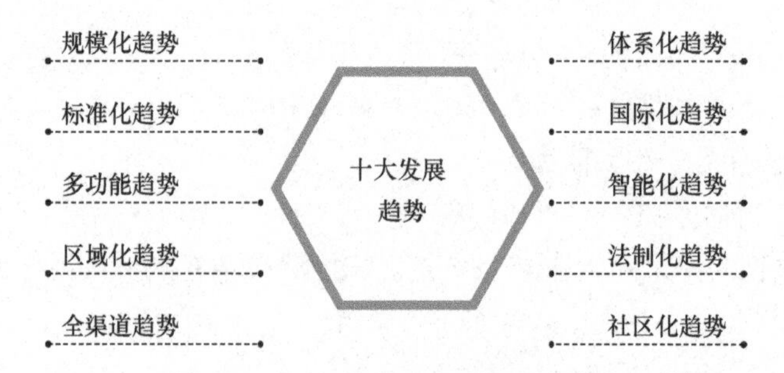

图6-10 农产品电商的发展趋势

6.3.2.1 规模化趋势

据统计，未来5年，我国农产品电商交易额将占农产品总交易额的5%，涉外农产品电商交易额将占1%，农产品移动商务交易额将占2%。同时，我国农资电商、农村日用工业品电商、农村再生资源电商将得到较快发展。

6.3.2.2 标准化趋势

农产品种、养、加工等全产业链过程逐渐工厂化，农产品电子商务越来越规范、标准。“三品一标”的产品占整个电商产品的比例将超过80%，生鲜农产品电商将实现“三品一标”化，占农产品总交易额的比例超过60%。

6.3.2.3 多功能趋势

农产品交易平台的功能越来越多样化，包括交易功能、展示功能、信息功能、外向型功能、上下延伸的供应链功能、融资功能等。经过5～10年的努力，冷链物流效应将得到充分发挥，具体如图6-11所示。

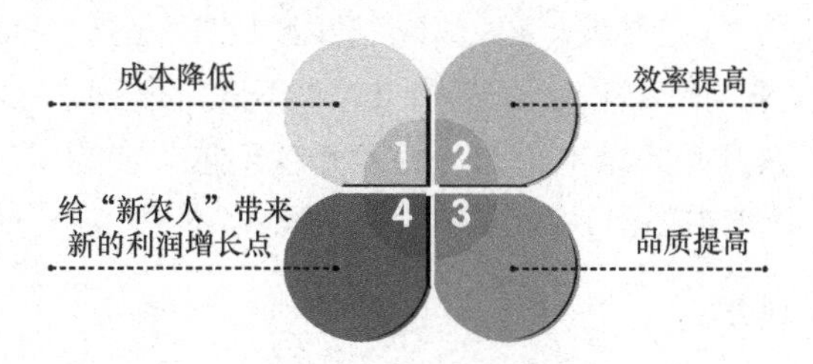

图6-11　冷链物流效应

6.3.2.4 区域化趋势

农产品电商是电子商务的“皇冠”，生鲜农产品电商是“皇冠”中的“明珠”。随着经济和社会的发展，生鲜农产品电商的区域化越来越明显，随着区域化电商企业的发展，农产品电商的效率也会越来越高。

农产品电子商务交易可以通过平台进行专业化分工。基地只负责产品生产，电商企业只负责发展用户和服务用户，物流则外包给专业生鲜物流企业。这些分工可同时解决农产品品质标准化、产品安全性、冷链物流三大难题。

6.3.2.5 全渠道趋势

线上与线下相互融合，具体表现如图6-12所示。

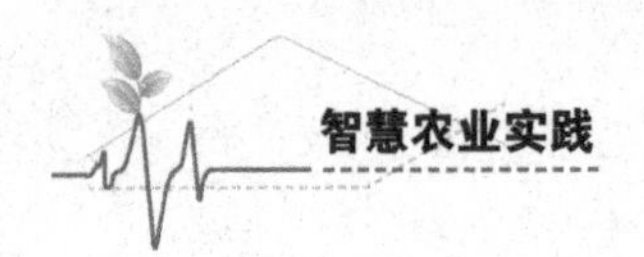

图6-12　全渠道趋势的表现

6.3.2.6　体系化趋势

网上期货交易、大宗商品交易、各类批发交易、各类零售交易、各类易货贸易等多种方式逐渐体系化，期货市场与现货市场形成相互联系、相互融合的关系，并逐渐形成大市场格局。

6.3.2.7　国际化趋势

随着我国经济一体化发展，我国每年进出口农产品达 1900 亿美元。2014—2015 年，我国粮食进口超 1 亿吨（其中，2014 年进口大豆达 7000 万吨、2015 年达 8000 多万吨）。农产品跨境电子交易将发挥越来越重要的作用，商务部在“互联网 +”流通行动计划中提出，我国将在国外建设 100 个海外仓储。

6.3.2.8　智能化趋势

随着“三网融合 + 物联网 + 大数据 + 云计算”等新技术的应用，移动商务发挥的作用越来越大，具体如图 6-13 所示。

图6-13　智能化趋势的表现

6.3.2.9 法制化趋势

我国电子商务法律、法规及标准体系将不断完善。同时，国家市场监督管理总局已变更为国家市场监督管理总局商务部、农业农村部、海关、税务、银行等加强了对电商的管理，出台了《流通领域商品质量监督管理办法》等规章制度，以提高消费者维权的规范化、程序化、法治化。

6.3.2.10 社区化趋势

随着城镇化和农业现代化的加速推进，社区电商将扮演着重要的角色，生鲜农产品电商企业越来越被消费者接受。以社区为主力的移动端涉农电子商务占主体地位，产地直发影响力降低，生鲜电商物流冷链等问题可以得到很好解决。

6.4 农产品电商的模式

我国传统农产品流通销售过程（从农产品产出到消费）通常要经历农产品经纪人、批发商、零售终端等多层中间环节，如图 6-14 所示。它具有信息流通不畅、流通成本过高等问题。互联网的出现，恰好改进了其弊端，并将农产品的流通渠道变成网络状，进而衍生出 5 种不同的农产品电商模式：C2B/C2F 模式、O2O 模式、B2B 模式、B2C 模式（分平台型 B2C 和垂直型 B2C 两种）、F2C 模式，如图 6-15 所示。

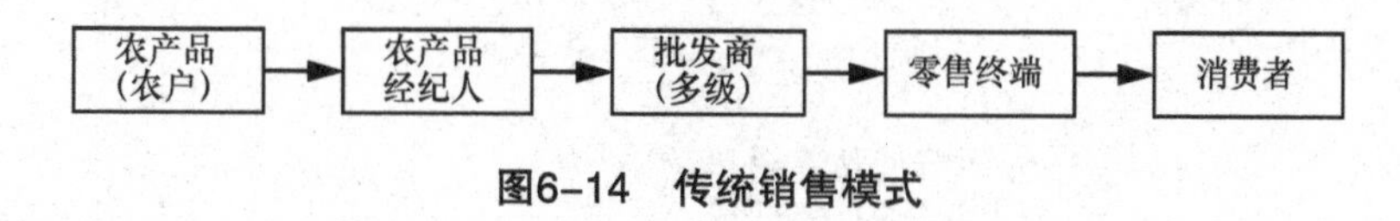

图6-14 传统销售模式

6.4.1 C2B/C2F 模式

C2B/C2F 模式即消费者定制模式。在这种模式下，农户根据会员的订单需求生产相应数量、品种的农产品，然后再以家庭配送的方式将农产品送至会员处。

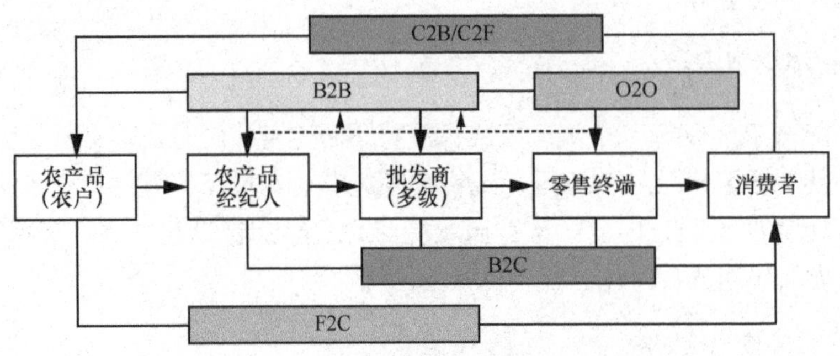

图6-15　农产品电商对流通渠道的改变

6.4.1.1　运作流程

C2B/C2F 模式的运作流程如图 6-16 所示。

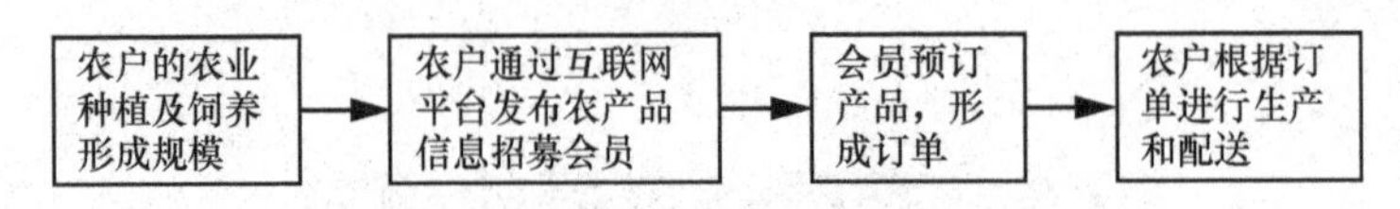

图6-16　C2B/C2F模式的运作流程

6.4.1.2　模式特点

C2B/C2F 模式的特点如图 6-17 所示。

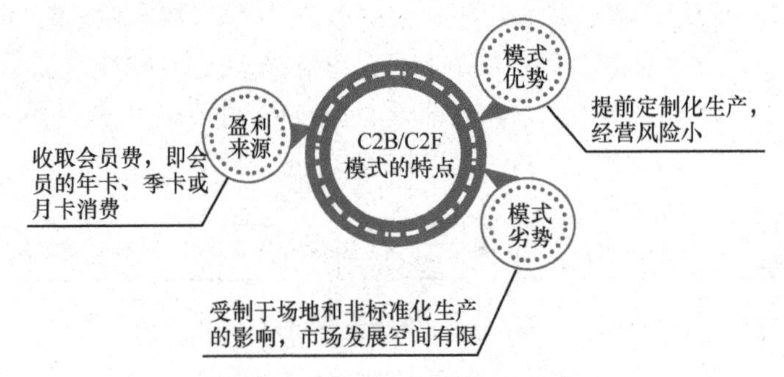

图6-17　C2B/C2F模式的特点

6.4.2　B2B 模式

B2B 模式即商家到商家的模式，在该模式中，商家到农户或一级批发市场集中采购农产品，然后将农产品分发配送给中小农产品经销商。这类模式主要是为中小农产品批发或零售商提供便利，节省其采购和运输成本。

B2B 模式的特点如图 6-18 所示。

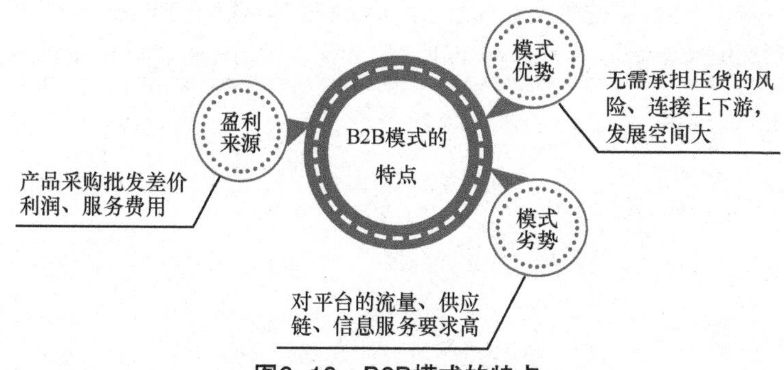

图6-18 B2B模式的特点

6.4.3 O2O 模式

O2O 模式即线上线下相融合的模式，消费者线上买单、线下自提的模式。O2O 模式的特点如图 6-19 所示。

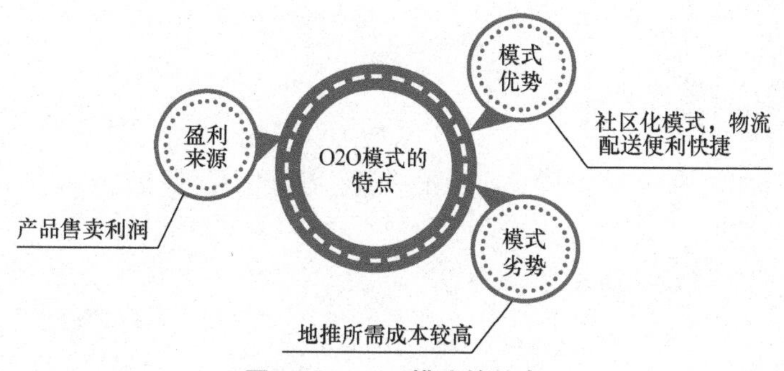

图6-19 O2O模式的特点

6.4.4 B2C 模式

B2C 模式即商家到消费者的模式。在此模式下，经纪人、批发商、零售商通过互联网平台将农产品销售给消费者。该模式主要盈利来源于产品销售利润、平台入驻费用等。B2C 模式扮演了一个中介角色，无需承担压货的风险，但是对平台的流量、供应链要求高。

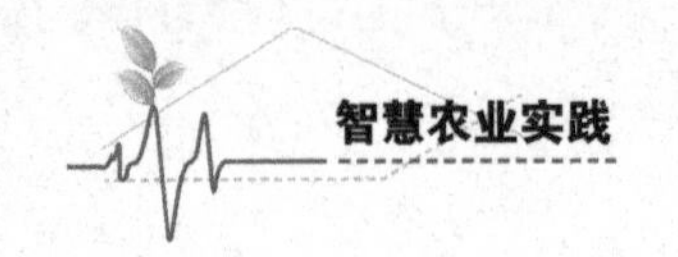

6.4.4.1 经营形式

B2C 模式是当前的主流模式，它可以细分为两种经营形式，一种是平台型的 B2C 模式，如“天猫”“京东”“淘宝”；另一种是垂直型的 B2C 模式（即专注于售卖农产品的电商模式），如“我买网”“顺丰优选”“本来生活”等。

6.4.4.2 模式特点

B2C 模式的特点如图 6-20 所示。

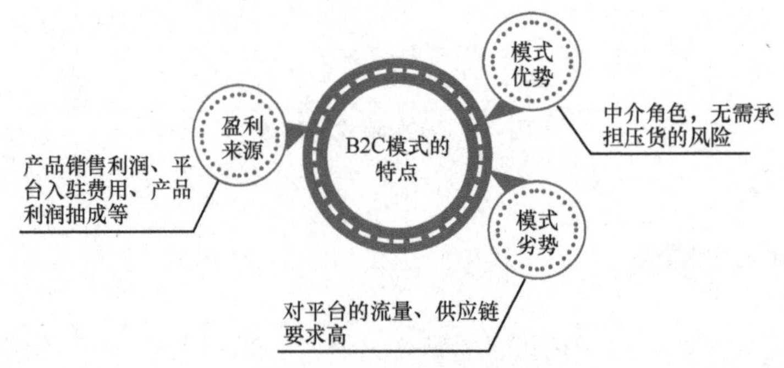

图6-20 B2C模式的特点

6.4.5 F2C 模式

F2C 模式也叫农场直供模式，即农户通过互联网平台直接将农产品卖给消费者的模式。

F2C 模式的特点如图 6-21 所示。

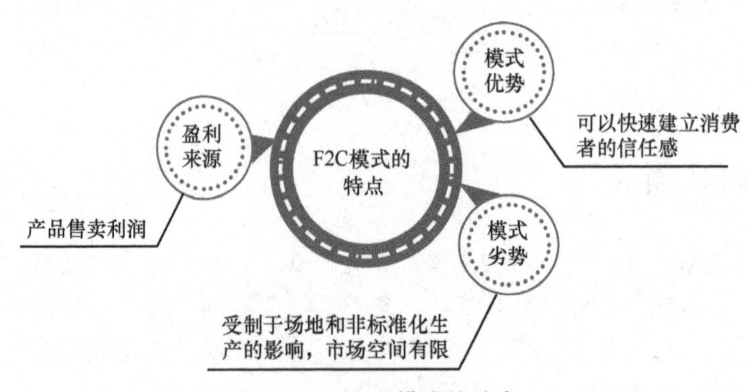

图6-21 F2C模式的特点

6.5 几种重要电商平台经营模式分析

6.5.1 B2C 生鲜电商平台

6.5.1.1 平台型生鲜电商企业

阿里和京东占据了生鲜电商的主要市场，它们已形成了巨大的流量入口，其他电商平台难以撼动其地位。

6.5.1.2 垂直生鲜电商企业

垂直电子商务是指在某一个行业或细分市场深化运营的电子商务模式。通常电子商务网站旗下的商品都是同一类型的产品。这类网站多从事同种产品的 B2C 或者 B2B 业务，例如国美电器网上商城。有时，随着电子商务网站的发展，它的归类也有所不同，例如，当当网前期是典型的垂直电子商务网站，即专卖书籍，如今已经扩展到综合百货，属于典型的平台型电子商务网站了。

6.5.1.3 特色中小生鲜电商企业

诸多中小生鲜电商企业是一个复杂而庞大的群体，这里面既有地区性的全品类垂直电商，也有进口商和批发商转型做细分品类的电商（如水果、海鲜批发商/进口商等），也有上游企业做直营的电商（如褚橙、科尔沁牛业等），还有诸多原产地的农户、经纪人、采购人的产地直营电商。对于这些中小电商而言，有两个渠道选择：一个是淘宝网或天猫商城，另一个是微信商城或微店。更多的中型电商活跃于淘宝网或天猫商城，比如水果海鲜的进口商或批发商，因为商家在淘宝网或天猫商城中能够通过搜索和排名引流，而这些商家掌握一手货源，有价格优势，能够靠此引流。微信商城和微店无法外部引流，但是适合一些有忠实粉丝的小农庄或农场，因为这些小农庄或农场的产量少，在淘宝网很难靠搜索排名引流，但是利用自己的丰富产品和服务，培养忠实用户，进行社群运营，通过移动社交引流，占据一定的小额市场。

6.5.2 B2B 食材配送电商平台形势分析

B2B 食材配送通过对称的信息流与食材采购、配送服务促成大宗食材买卖的交易行为。在我国，很少有企业真正做到连接田间和餐桌，从食材流通来看，B2B 大致可以分为上游 B2B 和下游 B2B。上游 B2B 是指连接产地到食材经营者，通过产地直采，为采购单位提供食材采购、食材配送服务。下游 B2B 是指批发市场直接连接到餐饮、企事业食堂，通过集中采购，获取议价能力，为餐饮、企事业食堂提供食材采购、食材配送服务。

食材 B2B 按商业模式可以分为自营模式和撮合模式，按服务模式可以分为轻模式和重模式，具体分类见表 6-2。

表 6-2 食材B2B电商商业模式

分类	模式	代表电商
自营模式	通过自身完成采购、分拣、配送到B端客户后，收取食材费用。赢利的主要来源为食材的价格差，利润在20%左右	美菜网、优配良品
撮合模式	通过互联网产品或服务连接食材经营者与B端客户，促成双方交易，有的公司收取分销佣金，有的公司收取服务费用	链菜网、有菜网
轻模式	以技术平台整合为主	链菜网、鲜供社、有菜网
重模式	自建物流体系、采购体系、销售体系等，打造供应链优势	美菜网、优配良品

除此之外，还有一部分创业公司将细分市场作为切入点，如专注调料的餐馆无忧专注冻品的冻品互联等。

6.5.2.1 美菜网——估值20亿美元的食材配送企业

美菜网于 2014 年 6 月 6 日成立，致力于帮助全国近万家餐厅做采购，缩短农产品流通环节，降低商户供应链成本，减少供应链人力。美菜网全流程精细化管控菜品从田间到餐桌的每一处细节。美菜网采取的是天使轮融资方式获得资金，2016 年，其获得 2 亿美元的 D 轮天使融资，至今总共已获得超 10 亿元人民币的融资，且获得了杭州银行 10 亿元授信，成为估值超过 20 亿美元的企业。

美菜网将大部分的资金都用在了上游供应链和冷链仓储物流的重资产建设

中。据美菜网官方数据，美菜网已经在全国近 30 个城市建立了仓储中心，累计服务过近 100 万家商户，配送次数超 3000 万次。在 2016 年 11 月召开的第三届世界互联网大会上，美菜网创始人刘传军发布了 2017 年的冷链物流战略——“冷美人计划”，即购置 3000 ~ 5000 辆冷链运输车投入配送体系，搭建仓储与物流的无缝温控体系。

2017 年，美菜网开启“供应商入驻平台”功能。自此，美菜网将开始运营轻平台模式，符合条件的食材供应商均可以入驻美菜商城，并由美菜网提供仓储、配送、营销及售后各环节的服务。

6.5.2.2 链菜网——食材配送平台企业

链菜网成立于 2015 年 7 月，隶属于上海链品农业科技有限公司，起初以自营模式为切入点，后转型为平台模式并开放给经营者和创业者。2016 年，链菜网总共获得融资 1.5 亿元人民币，目前，该平台入驻的销售服务商已超过 5000 人次，服务近 10 万个餐饮客户,配送业务已覆盖中国 30 多座城市,日平均订单超过 5 万单。

链菜网在进入食材 B2B 行业后，经历过如同美菜网一样的自营模式，但发现自营模式不仅体量过重，而且对食材经营经验并不丰富的互联网公司来讲，过度投入了大量精力，导致发展遭遇瓶颈。之后，链菜网迅速转型，开始平台模式的探索。

初期，链菜网在整合双边资源促成交易时，主要方向是整合城市二级、三级批发市场的经营者，使他们加入到链菜网中，主要目的是通过链菜网更科学、更便捷的服务，为终端餐饮用户提供互联网食材采购、食材配送服务。但好景不长，链菜网又一次受挫，主要原因是市场经营者对于互联网产品不太感兴趣，再加上市场经营者尤其是批发市场的经营者从早到晚都在超负荷工作，根本没时间去学习和熟悉互联网产品，仍然愿意用传统方式开展业务。

链菜网再度反思，查看平台留存数据，发现新进行业的创业者、原为批发市场提供配送服务的个体用户反而可以高效地利用平台开展业务，之后，链菜网再次确定方向——以社会化资源群体作为载体，为餐饮业提供服务。链菜网最终的定位是通过将新进行业的创业者、配送个体等人群划定为社会化资源，寻找并培训这类人群使其快速了解食材配送业务，同时结合食材配送行业的特征，为这类人群开放独立的入口平台，让每个人拥有一个独立的食材配送平台。

链菜网从自营模式到平台模式，越来越清晰地认识到自己是一家互联网公司，互联网公司的本质是以“技术”为核心竞争力，在转型后，除业务发展，还需投入大量精力开发多款利于行业使用的互联网工具，从产地服务到配送服务打造更

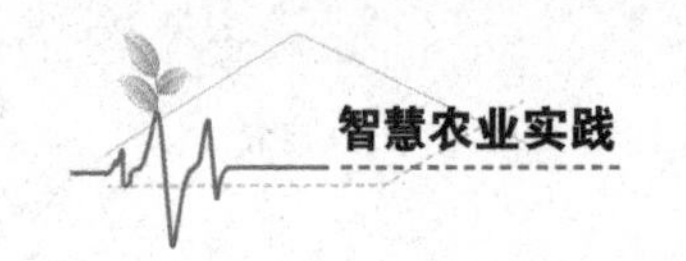

多应用场景的互联网产品。

6.5.2.3 小农女——餐馆配送（2B）+线下自提（2C）

小农女供应链有限公司起源于深圳，2013年小农女从微信卖菜开始，后来转型走餐馆配送（2B）+线下生鲜站自提（2C）的模式，专注于农产品O2O交易，是集加工、配送于一体的专业化配送公司。现小农女自营配送区域覆盖深圳和广州，该公司可以为当地的大型商超、机关企事业单位、部队、银行、学校、医院、餐馆、工厂食堂等机构加工、配送无公害蔬菜、水果、肉、水产海鲜、南北干货、调味配料等若干类数千款农产品。目前，其服务餐馆总数突破16300家，合作服务商突破100家。

小农女总投资逾1亿元人民币，并与多个生产基地和大型批发市场合作，保证输出的菜品质量。小农女在深圳海吉星有一家3000平方米的大仓库，在广州谷裕市场也设有加工场，所占据的都是当地农产品集散区域，有利于公司建立配送平台。

小农女通过强大的IT能力将经验用代码记录下来，不断升级、迭代，建成了现在的观麦开放平台，开放给整个配送行业。整个订单体系包括微信下单、采购汇总、分拣任务、配送规划、售后客服。整个管理体系包括进销存管理、员工账号管理、财务管理、数据分析等一整套配送流程。现在，小农女已经发展成一个支持传统从业者和扶持生鲜创业者的平台。供应链端靠SaaS体系整合、提升他们的效率；渠道端支持传统经营者，并孵化新的生鲜创业者，在同一个标准和体系下把“供应链”端的货品最高效地销售给终端消费者。

6.5.2.4 众美联——专注餐饮酒店B2B供应链的一体化平台

众美联集团旗下之众美联商城（餐饮酒店B2B智能云采购平台）于2014年12月11日首发上线交易。众美联是中国领先的餐饮酒店产业链整合服务平台，由42家中国餐饮领袖品牌企业共同投资联合发起成立。众美联以强大的资本与互联网技术为依托，为产业链上下游构建起以供应链为核心，创建集商流、物流、信息流、资金流于一体的产业链平台。

众美联构建了“平台交易撮合＋自营贸易＋供应链”集成服务三位一体的B2B全产业链供应体系的平台运营发展模式，为企业直降采购成本10%～30%，同时引入供应链金融服务实现企业信用变现，构建行业信用及食品安全源头追溯体系。众美联目前并未进行外部融资，平台已于2015年6月8日成功在美国纳斯达克上市，成为餐饮食材B2B行业第一家上市公司。

众美联平台化的运营策略，主要是扩大平台自营贸易规模，通过联合集中采购的方式吸引更多的上游供应商。众美联在让上下游都获益的情况下，不断优化整个产业供应链，让整个产业生态体系更具活力。

众美联采用的是合伙制模式，以参与者的实际需求参与整体商业模式的打造。众美联从股权入手，按需入股，按股分利，在统一的商业模式下共享平台和资源。众美联按照平台实际需求大小出资入股，平台所产生的利润也同步反馈给出资者。同时随着平台的逐步发展，参与者也可以按照股权多少分享收益。众美联解决了股权这个顶层问题，做到了由平台集中管理，统一整合自上而下的供应链。

6.6 农产品上行——电子商务落地措施

6.6.1 农产品上行需要达到的条件

对于现有的农村电商平台来说，农产品上行是一件令人头疼的事情。农产品上行存在产品无特色、市场无法打开的问题。依靠农产品上行增加农民收入成了一个难以兑现的承诺。

那么，农产品想要顺利地走出农村，走向城镇消费市场，需要达到哪些条件呢？答案如图 6-22 所示。

6.6.1.1 标准化生产

保障农产品的质量是农产品上行最基本的要求。然后是产品标准化，即统一品牌、统一包装、统一标准、统一质量。

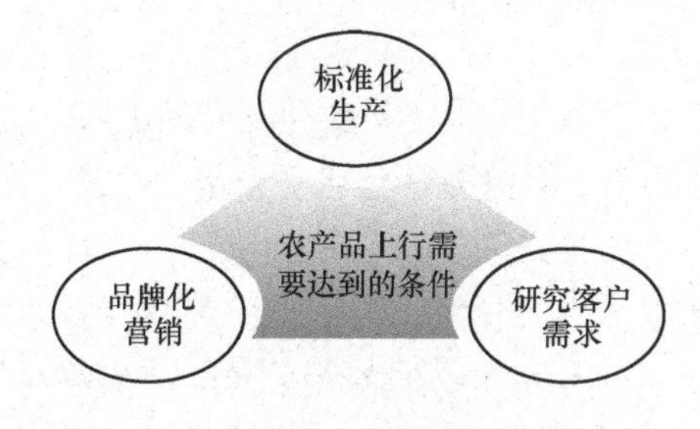

图6-22 农产品上行需要达到的条件

6.6.1.2 品牌化营销

好的农产品，再搭配一个好的故事，可以让农产品的价格和销量提升一个档次。现在的消费者在进行购物时更加注重产品内涵，为此他们愿意接受更高的价格，只要故事能够打动他。褚橙就是一个最好的例子。

电商平台要多运用新媒体，如微信、微博等进行营销，这些媒介的传播效率都十分惊人，运用得好可以迅速为农产品打开市场，甚至在开售之前就能赢得不错的口碑。

6.6.1.3 研究客户需求

农业生产存在着一种“靠天收，靠天卖”的情况，种的时候跟风种，卖的时候就难免会因为供过于求而滞销了。在大数据时代下，电商平台可以根据消费数据研究客户需求，从而决定种什么、种多少、定价如何，以此减少资源浪费。例如，有一些电商平台采取了土地众筹的模式，即客户先预订一块农田，然后指定作物，由农民种植和培育，等农产品成熟之后再配送给客户。

这种模式可以有效提升土地利用效率，同时保障农民的收入。但是，目前土地众筹尚不规范，整个行业都处在摸索阶段，而众筹又涉及金融交易、食品安全等问题，容易出现纠纷，因此，无论是土地众筹还是其他众筹，具有行业规范才能走得更远。

6.6.2 农产品上行需要解决的问题

农产品上行是指以农产品电商为媒介，打开本地特色农产品的销售渠道，让特色农产品从田间直达全国百姓餐桌的一种运营模式。这是一种生产销售变革方式。对此，农产品上行要解决的问题如图 6-23 所示。

6.6.2.1 解决上行问题的服务商

农村电商的核心是要打通“工业品下乡”“农产品进城”的双向物流，形成物流、信息流、资金流的有机循环。但更多平台在乎的是“农产品上行”。电子商务发展到今天，工业品下乡在大部分县域都有一定的基础，这从各大快递公司的整体布局状况就可以看出。地方负责人也意识到要富民强县，就要将当地丰富的农特产品卖出去，卖个好价钱。正因为如此，各大平台电商都在竭尽全力解决农产品上行的问题。

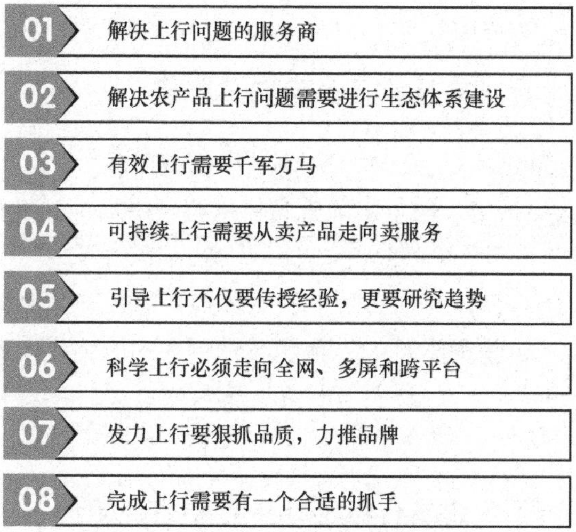

01 解决上行问题的服务商

02 解决农产品上行问题需要进行生态体系建设

03 有效上行需要千军万马

04 可持续上行需要从卖产品走向卖服务

05 引导上行不仅要传授经验，更要研究趋势

06 科学上行必须走向全网、多屏和跨平台

07 发力上行要狠抓品质，力推品牌

08 完成上行需要有一个合适的抓手

图6-23 农产品上行需要解决的问题

“农村淘宝”2015年年底还特意推出“年货节”，就是希望农产品电商闯出一条新路子。因此，县域电商的着力点之一就是农产品上行，农产品上行是县域电商工作的重中之重。

6.6.2.2 解决农产品上行问题需要进行生态体系建设

县域里有最好的优质原产地产品，但农产品上行不是开几家网店就能解决的问题。农产品是非标品，要成为好商品、好网货，还需要一系列的生态体系建设，如品质控制、溯源技术应用、品牌打造、包装设计提升等，这些都不是一天两天就能完成的。

6.6.2.3 有效上行需要千军万马

有些服务商为了承揽业务，在没有系统调研的前提下，盲目承诺县域政府做农产品上行，其结果是可想而知的。当前，电商环境正处在剧变过程中，移动互联网的崛起以及社群经济的兴起也在刷新互联网的模式，客流量竞争空前激烈，有谁能保证光靠几家网店，就能把县域农产品上行问题系统解决呢？

网店发展需要时间，运营水平需要逐步提高，而农产品都具有很强的季节性、区域性。从国内县域电商发展得比较好的地方来看，这些电商都具有群体性优势，即在当地政府、龙头企业的引领下，只有更多人、更多机构参与销售，才能将农产品卖出规模，卖出影响力。服务商起的作用是引领与示范，绝不是“包销”，更

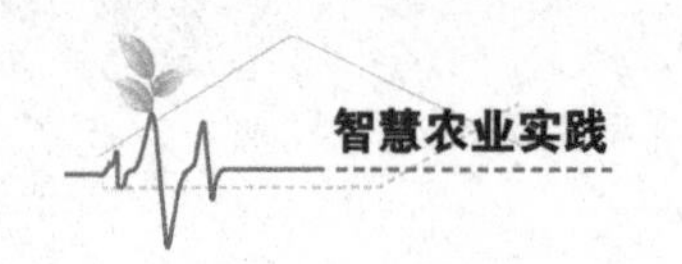

不可能全面解决农产品上行的问题。

6.6.2.4 可持续上行需要从卖产品走向卖服务

通过互联网手段卖产品，尤其是单品，无法回避的是激烈的价格竞争问题。从2015年开始，越来越多的红枣、苹果和核桃等农产品陆续进入丰产期，我们可以预见这几个单品即将面临惨烈的价格战。县域电商刚刚起步，大部分做电商的人都没有经验，自身的运营水平有限，怎么可能应对越来越复杂的挑战？因此，电商单纯地卖产品，一定是很艰难的，我们鼓励更多的电商走向卖服务的方式。电商要从卖产品层面进行提升，进行卖情怀、卖故事、卖功能组合等，提升产品竞争力。

6.6.2.5 引导上行不仅是要传授经验，更要研究趋势

县域电商都在做电商培训，但问题是现在的培训内容基本上是PC端时代的“经验传授”，而不是基于技术与商业模式的迭代趋势。换言之，即便培训出来的电商人员开了店，几个月之后，大部分都可能变成僵尸店。

6.6.2.6 科学上行必须走向全网、多屏和跨平台

移动互联网时代已经到来，农产品上行必须基于这一趋势，搭建整体的分销渠道，利用一切可以利用的渠道进行分销。我们要合理地分析品种、品类和渠道。电子商务并非是要卖货到全国，我们要整体统筹域内、域外、省内、全国市场，同时，社群经济也是农产品上行的一个重要渠道。

6.6.2.7 发力上行要狠抓品质，力推品牌

在供给侧改革的大背景下，县域农产品要狠抓品质，力推品牌，这也是农产品上行的最大短板。农产品上行第一个要解决的问题就是规模化和品牌化问题，农产品电商只有有效地整合资源，做轻量化的现有资源重置，走品牌化的路线，才能提高产品溢价，实现可持续发展，并保持有效增长。品牌化塑造是很多农产品的短板，如何整合资源有效塑造农产品品牌还需要一个过程。

6.6.2.8 完成上行需要有一个合适的抓手

发展农村电商，解决农村发展问题，需要有一个合适的抓手。农村的经济形态延续了很多年，在这个过程中形成的意识形态很难改变，造成了今天农村扶贫非常困难。

6.6.3　有效实现农产品上行的措施

有效地实现农产品的上行涉及供应链、产业链、价值链的多个环节，完全打通需要的措施如图 6-24 所示。

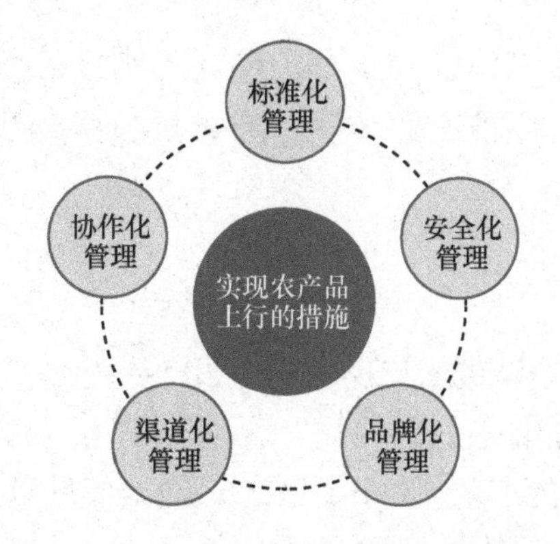

图6-24　有效实现农产品上行的措施

6.6.3.1　标准化管理

电商要大规模销售农产品，就要将标准前置。农产品上行标准化管理如图 6-25 所示。

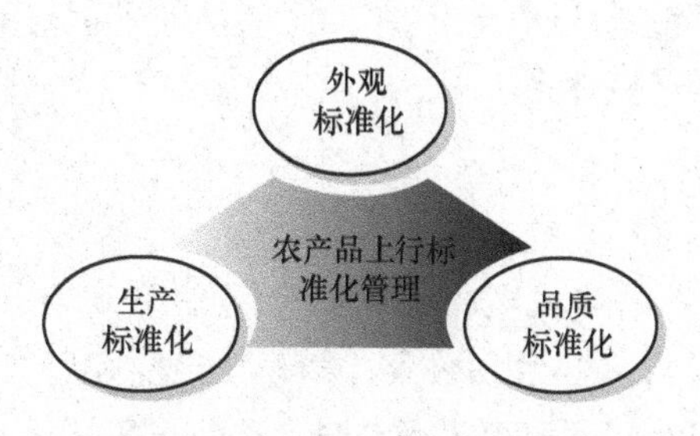

图6-25　农产品上行标准化管理

（1）外观标准化

过去的农产品是大堆卖的形式，外观标准化的问题被交给了终端零售商，由他们进行大小分级、品质分类，然后按不同的价格出售。那么现在的电商就要把外观标准化这一个环节前置，在田间地头完成分级，要做到大小分开、颜色分开、品种分开、成熟度分开等。只有这样，消费者拿到农产品的第一刻才有良好的体

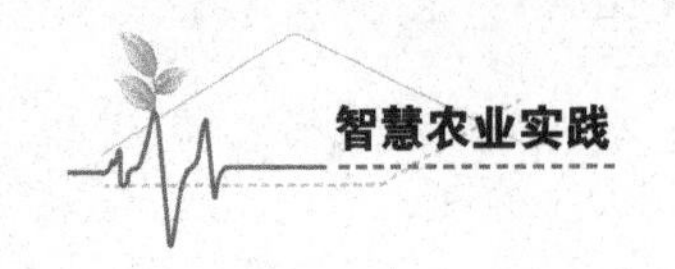

验感。

（2）品质标准化

带有一些噱头的产品宣传语已无法让消费者了解农产品的真实、准确的状况。从目前的趋势来看，一些进口或者高端的水果已经开始用数字“说话”了，它们会“告诉”你，它们的水果含糖量是多少、酸度是多少以及一些其他的主要指标等。

（3）生产标准化

农产品电商要实现以标准的生产化推动外观及品质的标准化，就要顺应电商和消费者的需求，倒推产业转型，形成新的生产标准，使生产与市场需求同步。

6.6.3.2 安全化管理

目前，国民对我国自产的农产品安全问题十分关注，并且每过一段时间网上总会出现农产品不安全的谣言。

如何建立适应电商的安全评价体系呢？这需要借助电商的平台，打通消费者和生产者直接沟通的信息通道，建立可追溯体系。由于现在二维码技术已经高度成熟，相关追溯体系也日趋完善，消费者只需扫一下产品的二维码就能追溯该产品的产地、农药、化肥、检测是否合格等。二维码还能在产品出现问题后，为消费者提供维权的依据。

目前，电商市场最需要的是信息对称。消费者关心的可能不是产品是否有机产品，他们只要求农产品的化肥、农药不危害健康即可。所以，安全问题要从实话实说开始，重塑农产品质量安全体系，以建立生产者与消费者的信任为基础，逐渐推进更深入的质量追溯体系。

6.6.3.3 品牌化管理

随着农村电商的深入推进，农产品的同质化竞争将会日趋激烈。农村电商如何在同质竞争中取得差异化的营销效果，树立农产品品牌是最终制胜的法宝。近些年，我们的政府和企业都已经高度重视农产品品牌问题，也出现了像“西湖龙井”“阳澄湖大闸蟹”“洛川苹果”等被广泛传播的农产品地域品牌。

农产品品牌的问题复杂性在于：一方面需要由政府牵头打造地域公共品牌；另一方面又需要以大量的企业为主体，以市场品牌托举地域公共品牌，两者缺一不可。如果我们只注重地域公共品牌的打造而忽略市场品牌，就会出现假冒伪劣等层出不穷的问题。例如：网上报道的阳澄湖大闸蟹的产量只有 8000 吨，可是市场上流通有 70000 吨；五常大米产量只有 110 万吨，可在全国流通的超过

1000万吨；陕西洛川县的苹果产量只有60万吨左右，可是市场上流通的洛川苹果远远超过60万吨。出现这种情况的主要原因是地域公共品牌的名气被打出来了，许多商家都来借用这个品牌，鱼龙混杂，让消费者雾里看花，难以辨别。所以，农村电商必须适应消费者的需要，按照市场的逻辑建立农产品地域公共品牌和企业市场品牌双品牌机制，主动地培养、推广一批靠谱的企业，把他们的品牌推向市场，只有他们的品牌打响了，地域公共品牌才能受益。

6.6.3.4 渠道化管理

农产品电商企业要放开视野，其农产品不仅可以在网上零售，还可以做网上批发等。农产品电商企业也可以实现农产品O2O销售模式，主要思路有以下几种。

① 如果是大宗的粮油、蔬菜和水果，则农户可以找“一亩田”“中农网”“农融网”等网上农产品批发平台做推广，这些平台主要是进行信息的撮合。

② 如果是特色农产品，农户可以在“阿里巴巴”“京东”等平台多个窗口拓展销售领域，也可以尝试“本来生活”“天天果园”等垂直生鲜电商，同时还可考虑“1688”“美菜”“链农”等小型B2B平台。

③ 农特微商也是值得重视的新渠道。

6.6.3.5 协作化管理

农产品上行是一个复杂的系统工程，不是单靠哪个地方政府就可以完成的，也不是一两个平台几个企业就能运作成功的，它必须全面打通从供应链到产业链直到价值链的各个环节。在实现上行的过程中，各方一定要分工协作，电商企业、合作社、龙头企业、平台和政府需要一个明确的分工，具体如图6-26所示。

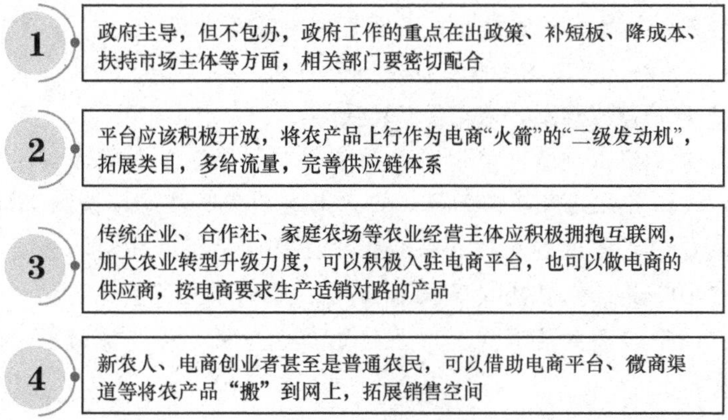

1 政府主导，但不包办，政府工作的重点在出政策、补短板、降成本、扶持市场主体等方面，相关部门要密切配合

2 平台应该积极开放，将农产品上行作为电商“火箭”的“二级发动机”，拓展类目，多给流量，完善供应链体系

3 传统企业、合作社、家庭农场等农业经营主体应积极拥抱互联网，加大农业转型升级力度，可以积极入驻电商平台，也可以做电商的供应商，按电商要求生产适销对路的产品

4 新农人、电商创业者甚至是普通农民，可以借助电商平台、微商渠道等将农产品“搬”到网上，拓展销售空间

图6-26 协作化管理

“互联网 + 农产品”上行，让西尚肥桃远销四方

山东省肥城市新城办事处西尚村的肥桃远近闻名，也是肥桃正宗的原产地。现在的西尚村和往年不同的是，路边摆摊卖桃的明显减少，更多的桃农奔走在电商服务中心—桃园这两点一线间。

村民黄启涛种桃多年，往年一盒普通的肥桃在路边只能卖 20 元左右，但是，现在他开设了自己的网上店铺，一盒桃子至少 70 元起，而且还供不应求。很多网上买家只能选择肥桃的预售。

像黄启涛这样打破传统的营销模式，通过线下与线上结合销售的桃农还有很多。这都源于 2016 年西尚村借助“互联网 +”思维，大力发展农产品上行，让西尚肥桃远销四方。

2016 年，肥城新城街道办事处引入了“泰安影响力”这样的专业电商团队助推当地电商发展，引导农民探索“互联网 + 农产品”，该团队充分利用电子商务助推肥桃产业发展，帮助西尚村 40 多户桃农开设网店并进行网上销售。

1. 为肥桃建立严格的标准

村里给网销的肥桃建立了统一的采购标准、入库标准、包装标准和接货标准。这些标准被制定完毕以后，团队根据产品特点、优点、给顾客带来的好处，为其配备标准化的图片和文字描述。即使是远隔万里，消费者也能看到自己要的肥桃的样子，甚至有的桃农还配备了专门的测糖仪器，在桃子不损坏的情况下测出每个桃子的含糖量。

2. 为农户建立档案，搭建生产场景

消费者在网上浏览产品时，更愿意相信场景，场景就是环境和产品生产商，这其实就是农产品溯源。一方面我们用科技手段检测肥桃品质，另一方面我们也通过建立桃农档案，把生产者的信息传递给消费者。村里为全村 100 多户桃农建立了桃农档案，包括种植了多少亩桃树、树龄是多少、每年的产量是多少、一家种了多少年桃树等。这大大促进了肥桃的销量。

3. 搭建全网立体营销渠道

新城街道办在解决西尚肥桃上行时，充分认识到“互联网 +”的重要性，不再仅仅是把上行局限于开淘宝店，而是通过整合传统营销、活动营销和事件营销等多种营销方式，线下传统渠道、网店、微商平台等多措并举引导线上、线下融合发展，搭建全网立体营销渠道，把电子商务打造成农村经济转型发展的新引擎。

2016年，借助电商发展，西尚肥桃销量超过1800万斤，比2015年同期增长30%以上。借助互联网思维，肥桃正在销往四面八方。

6.6.4 建立农产品上行供应链体系

如今，工业品下行在很多县域都有了一定的基础，但是，农产品上行的问题在大多数县域并没有得到有效解决，这些问题的关键在于是否能建立有效的农产品供应链上行服务体系。建立农产品供应链的关键要素如图6-27所示。

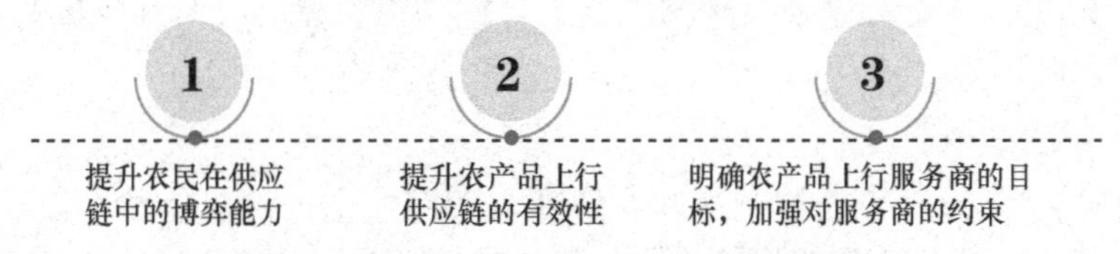

图6-27 重塑农产品供应链的关键要素

6.6.4.1 提升农民在供应链中的博弈能力

农村电商企业除了要让农民购买到物美价廉的消费品外，更为重要的是让农民富起来，提升农民在整个供应链流通渠道的讨价还价和博弈能力。当然，这是建立在农产品的规模化、标准化、品牌化以及更有效的农产品上行渠道等基础上的。

农民要提升在供应链中的博弈能力，除了需要有一个供需对接平台以外，还需要有一个本地化的服务商来进行利益捆绑，这样农民才能安心种植、养殖，其他的问题由服务商和政府解决。这样做的目的是让服务商和农民作为一个决策主体，服务商的优质货源离不开农民对农作物的精心呵护，农民也离不开服务商解决货源的标准化、品牌化以及对接供需的渠道管理。利益捆绑需要解决的问题如图6-28所示。

（1）供应端

供应端通过服务商进行货源的挑选和货源的组织，解决货源的商品化、标准化

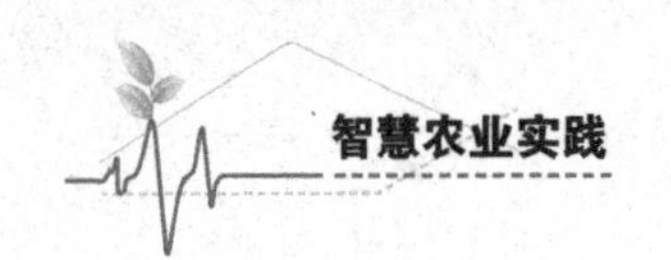

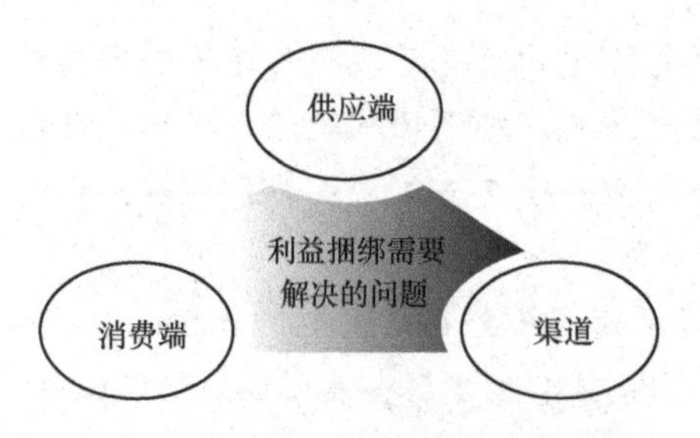

图6-28 利益捆绑需要解决的问题

等问题。例如：遂网通过农产品基地筛选、产品标准制定、基地种植管理等，解决了网络销售货源的商品化、标准化等问题，给当老百姓的收购价要比其他电商高出20%左右。

（2）消费端

如何让消费者信任来自于农村的网货，消费端解决的就是消费者信任的问题。一些地区消费端通过区域公共品牌的建设，提高消费者对农产品质量的信任度，进而实现品牌溢价。

（3）渠道

目前，农产品上行渠道一方面要依靠大的电商平台，如淘宝、天猫、京东、苏宁等。另一方面，对于有实力的服务商来说，他们可以建立自身的电商平台、微分销平台，同时与实体店面结合，形成线上、线下融合的多元分销体系，这是对传统商贸流通体系的变革，通过产业链的重塑打造农产品新商贸模式。

6.6.4.2 提升农产品上行供应链的有效性

相比较传统的农产品供应链，农产品上行供应链服务商作为连接供需端的中间组织，其存在的意义如图6-29所示。

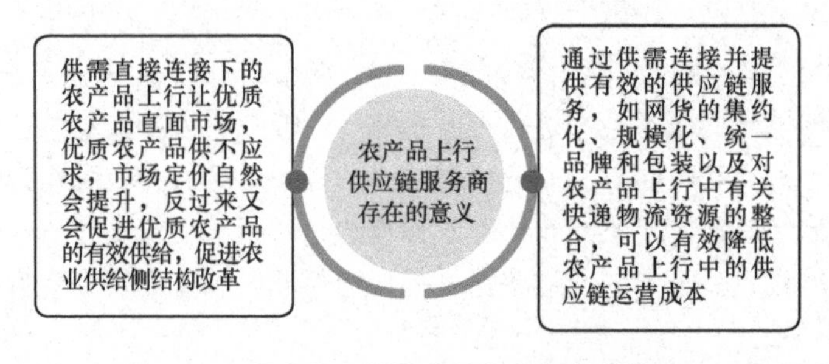

图6-29 农产品上行供应链服务商存在的意义

总体来看，县域农产品上行的意义在于通过农产品供应链服务，使得农民增产增收，同时提升农产品供应链运营效率，降低农产品上行供应链的运营成本。所谓“降本增效”，即在保证产量稳定或提升的同时，提高农产品的市场价格，降低供应链的运营成本，提升农产品供应链整体的利润水平。

相比传统的农产品供应链，电商直接对接供需端，去掉了中间的批发环节，但是也增加了建仓、推广营销、分拣独立包装和“最后一公里”的物流等环节。只有当增加的这些环节是由服务商对接和运营的，其运营成本才会低于原有的中间环节的运营成本，这样才能大幅提升农产品销售量和销售价格，才能证明农产品上行服务是有效的，这也是农村电商服务商存在的理由。

6.6.4.3 明确农产品上行服务商的目标，加强对服务商的约束

县域农产品上行服务商的目标是获得收益，如果短期没有获得收益，而其存在的理由便是变相地获取地方政府的补贴。由此，农产品上行服务商的约束有以下几点。

① 增加农民的收入。提高农产品的收购价格是重中之重，如果不能提高农产品的收购价格，那么，服务商与农民就难以形成一个利益捆绑机制。

② 运营成本的降低。这决定了哪些产品可以上行，上行的产品可以覆盖到哪些上行区域。不同品类的农产品的供应链上行的成本是不同的，这主要体现在 QS 生产资质、标准化、保鲜、物流等方面。

在这方面，遂网较为领先，也具有非常强的参考价值。农村不具备 QS 生产资质的农产品（如萝卜、笋干、香菇、木耳、薯类、土鸡蛋等）、不能有效解决供应链问题的初级农产品、生鲜农产品等采取本地化销售，这也称为村货进城（特指县城）;这种方式能解决标准化、保鲜、品牌、物流等问题（类似土猪肉、土鸡、红提、猕猴桃等），农户根据保鲜时间决定农产品的配送半径。不需要解决保鲜问题的、有 QS 认证的农产品可以被卖到全国。

6.6.5 重塑农产品上行供应链

重塑农产品上行供应链的措施如图 6-30 所示。

6.6.5.1 全面梳理县域现有农产品的品类，并进行聚类分析

并非所有的农产品都适合走电商渠道，不同品类的农产品在标准化难度、QS 认证难度、保鲜度、价值增值空间、物流等方面的要求是不一样的。所以，农产

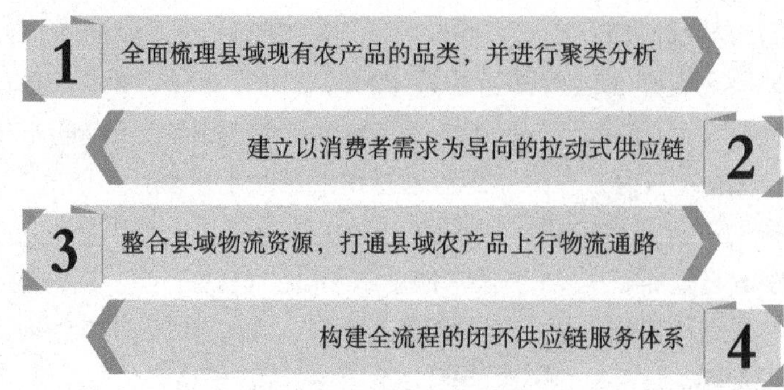

图6-30 重塑农产品上行供应链

品要切入上行之路，全面梳理，并考虑以下两个问题。

① 对适合上行之路的农产品进行品牌孵化。

② 产销对接，探索县域农产品上行的供应链模式。

6.6.5.2 建立以消费者需求为导向的拉动式供应链

就农产品上行而言，运营的有效性在于以下几点。

① 农民种植（养殖）的农产品能卖掉。前提是农民知道自己要种植什么农作物、种植多少，产销信息要对称，根据消费者对农产品的消费偏好反过来指导农作物的生产，最终形成 C2B 的种植模式。

② 卖得好。前提是农产品要有地区特色、品牌性、故事性，实现品牌溢价。

③ 投入的生产资料成本要低。前提是打通“农产品上行、生产资料下行”的双向通道，农户根据农产品上行中挖掘到的消费者行为偏好决定生产资料的合理投入。

④ 成本优势。相比传统的农产品供应链，服务商主导下的供应链上行的成本具有优势。

综上所述，不管是农产品的种植（养殖）、农产品的品牌性和故事性，还是农产品投入的生产资料和服务商上行之路的成本控制，都是与最终消费者的需求分不开的。所以，农户需要建立一个以消费者为中心，通过数据分析，全面把控农产品供应链上行之路中的信息流、商流、物流、资金流，并反向作用于农产品供给的有效性、供应链服务的具体方式和渠道选择。

6.6.5.3 整合县域物流资源，打通县域农产品上行物流通路

农产品上行的规模较小、经济效益较低、对保鲜的要求较高等特性决定了县

域农产品上行的物流通路一定是不平坦的，这就需要农户整合农产品上行过程中所需要的物流资源。县域电商物流通路一般是从县服务中心节点到发达乡镇服务站节点，物流到农村的服务点一般是空白的，且各大快递物流企业在县域电商物流市场的布局一般都是各自为政，导致县域、发达乡镇的物流资源重复建设而偏远乡村物流站点空白的情况。

所以，农产品行业需要一个核心企业，如县域电商服务商，通过整合当地各大快递企业、落地合理分配企业的物流资源，来降低农产品上行的物流成本，打造从农村物流服务点到乡镇物流服务站再到县级物流服务中心的物流通路，形成从农产品生产基地（或农民合作社、农户）到县域物流服务中心的低成本物流运作。经过整合的物流服务中心可以合并精简、整合提升，对于原本由各大快递企业分别负责的物流仓储、配送和“最后一公里”的业务，企业可以统一品牌、统一人员、统一标识、统一运营管理。经过十多年的发展，物流从县域物流中心到全国各大城市物流配送中心再到连锁店、超市以及消费者的物流上行之路现在已经不是问题了。县域农产品上行物流通路如图 6-31 所示。

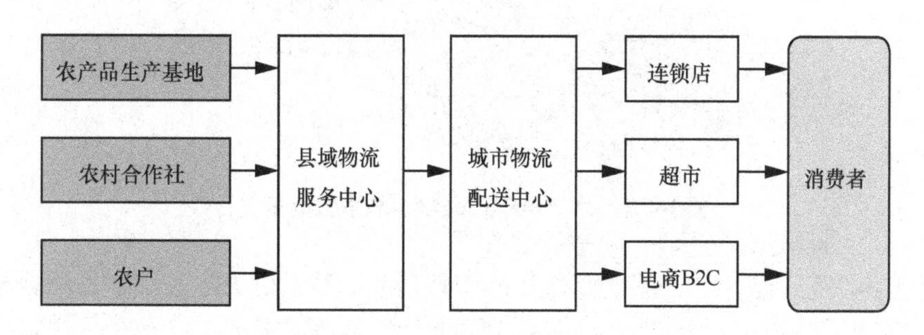

图6-31　县域农产品上行物流通路

6.6.5.4　构建全流程的闭环供应链服务体系

农民专心种植，服务商提供消费者需求、产中的农作物生长及品质监控到产后的货源组织、挑选、统一包装、品牌设计、渠道建设、物流配送等服务。服务商全面介入供应链的各个环节，提升产业链价值，并带动第一、第二、第三产业融合发展。农产品上行闭环供应链服务如图 6-32 所示。

其中，农产品品牌设计与营销是一个重点环节，农产品电商通过开展农产品品牌创建和营销活动，为当地特色农产品赋予故事性，其好处如图 6-33 所示。

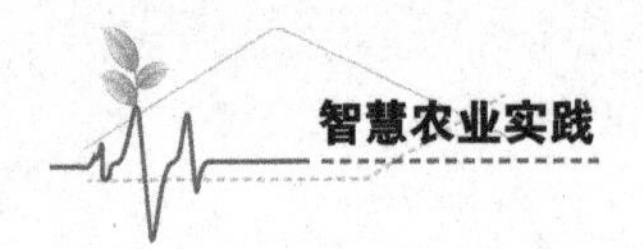

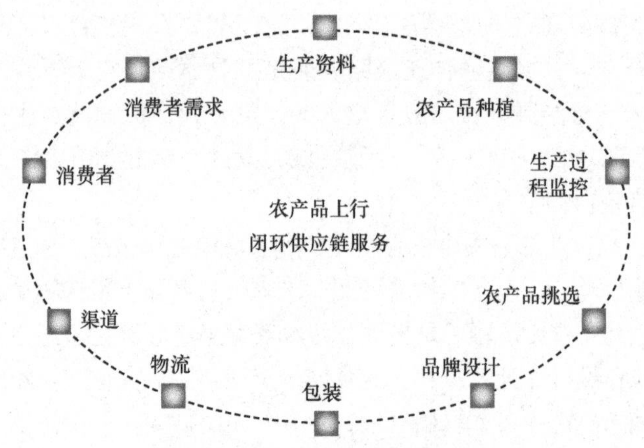

图6-32　农产品上行闭环供应链服务

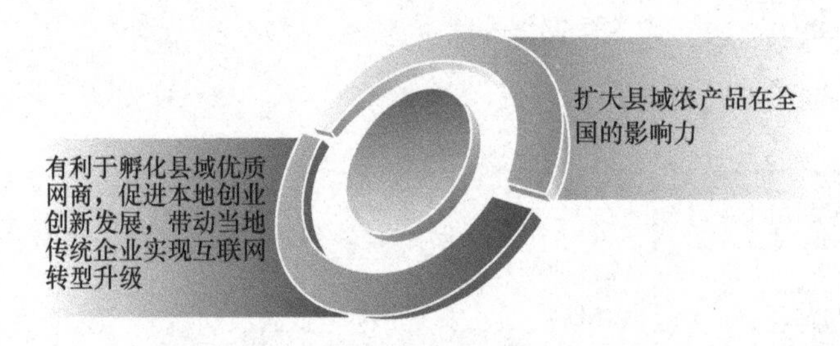

图6-33　为特色农产品赋予故事性的好处

更为关键的是，农产品电商通过品牌营销活动可以最大限度地挖掘消费者的需求，并形成与消费者的互动，进而为农产品的种植（养殖）以及生产资料的投入提供决策支持。

他山之石

河南山城农产品借助电商“卖全球”

河南省西峡县电子商务产业孵化园依靠地方政府的支持，与国内大型电商平台对接，猕猴桃项目通过网络销售已达5万多吨。

比猕猴桃的销售更让人惊喜的是，西峡的香菇产量占全国一半以上，已成为国内香菇的采购中心与供货基地。紧紧把握这些资源优势，西峡县电子商务产业孵化园积极提供孵化、培训等服务，对接资金、物流等资源，目前当地已有600多种特色农产品进驻“西峡特色馆”。同时，孵化园还与“苏宁云商”签订了合作规划，“苏宁云商”将协助其在全县19个乡镇（街道办）、299个行政村实现“苏宁易购”全覆盖，实现了全县“买全国、卖全球”的目标。

电商助力，广西环江红心香柚当“网红”

2016年10月17日，中国第三个“国家扶贫日”到来之际，环江县全新打造了红心香柚节，首次在广西全区推出“TV+电商扶贫”的全新模式，借助广西卫视、广西网络广播电视台、手机微信、CNTV等多屏互动直播，同时依托“苏宁易购”的百万级平台资源，红心香柚成了“网红”，其通过电商和物流“跨境游”，远涉千里，畅销全国。

世界自然遗产环江县独特的气候、土壤和水质，让这里出产的“红心香柚”色泽鲜艳、肉质脆嫩、营养丰富，被誉为“柚中之冠”。2015年，首届广西环江红心香柚节的举办，让国内游客和消费者首次品尝到“红心香柚”酸甜爽口的独特风味，一时间，“红心香柚”声名鹊起，供不应求。2016年，环江红心香柚获农业部农产品地理标志登记证书，成为环江县最具市场潜力的特色水果。目前，全县红心香柚年产量2000多吨，预计2020年产量达到35万吨，产值21亿元。

浙江象山“红美人”借助“互联网”走出深闺

2016年12月，象山本地品牌海洋谷的“红美人”柑橘到了成熟上市的时节，这1千克15元的橘子除了一如既往地走俏本地市场外，在象山县政府的大力推动下，利用互联网平台拓展销售渠道，开始大量走向全国市场，在广大网友面前逐渐揭开了神秘的面纱。

这次活动是由象山县供销社牵头，与各大电商平台合作，通过互联网

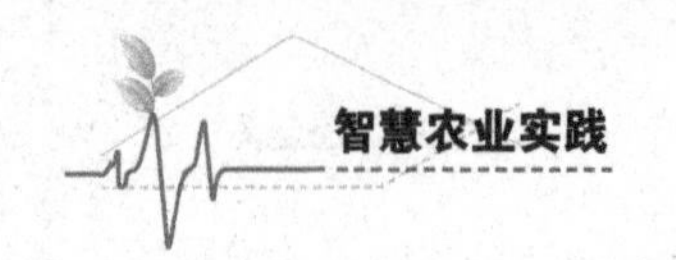

运作，在全国层面推广销售象山“红美人”柑橘。与2015年相比，2016年的推广力度更强，不仅在主流电商线上店铺售卖，还通过宁波本地微信以及主流一线论坛等协同发力，接连为“红美人”造势。

活动刚开始半小时，各平台浏览量就达到55万次，而且各平台用户的抢购热情高涨，30分钟内“红美人”柑橘的订单就已经超过了500千克。承接活动的“象山馆”平台工作人员已经紧急向位于象山定塘的供应商“田园·定塘”增加了订单，通过供应商向橘农采购“红美人”，并把从橘园运来的柑橘打包并发货，以保证送到买家手里的每颗“红美人”柑橘都是精选的上品好果。

如今，传统的蔬果种植业正面临着前所未有的机遇和挑战，一方面市场竞争加剧，环境资源日益缩减的新情况使得传统果农原有的竞争优势逐步丧失；另一方面由于互联网和物流业的成熟，新的“互联网+”模式又给传统水果种植业指出了新的发展方向。

因此区域品牌的建设势在必行,这也是本次“红美人”活动的核心目标。这次活动的宣传已经让象山“红美人”柑橘在宁波地区的知名度有了巨大的提升，完成了创建区域品牌的第一步。

象山“红美人”柑橘区域性品牌的打响，对于“红美人”柑橘种植产业市场渠道的拓展、市场欢迎度和附加值的提升以及果农的增收都有极其重要的意义，为当下推动柑橘产业持续健康发展提供了巨大助力。

河北威县小梨果托起了脱贫大产业

近年来，国家扶贫开发工作重点县河北省威县大力发展梨果产业，通过实施“龙头企业+贫困户”的利益联结扶贫模式，为农民脱贫创收开辟了新路径。河北省威县借力“互联网+”引导果农借助“淘宝”“微商”等互联网销售平台拓宽梨果外销渠道。

河南内乡网上卖油桃，果农无忧愁

河南省内乡县是全国最大的油桃种植基地，种植油桃10万亩，其中的“赤眉牌油桃”获得中国国际农业博览会金奖，被国家认定为绿色无公害产品，年产量已达到3500万吨。但由于果农普遍缺乏营销意识，销售渠道单一，果农丰产不丰收。2016年3月，内乡县政府先后和中国互联网联盟、浙江大学、京东、颐高集团等高校、电商集团签订了“互联网+众筹”扶贫战略合作协议，通过互联网众筹种植油桃，为油桃寻找“婆家”，扩大“朋友圈”。截至2016年5月23日，内乡县政府已经收到全国各地网友认筹3000余单，成交款项30余万元。所有众筹的爱心资金全部送给受助贫困户，用于提升他们的基本生活条件，改良油桃品种、品质等。从2015年5月22日开始，该县把网友认筹的油桃在24小时内通过快递送达到买家手里。

6.7 农产品电商平台的建设

农产品电子商务平台是一个为企业或个人提供农产品交易洽谈的网络平台。功能全面的农产品电子商务平台能够减少农产品流通成本，为农民增收，同时也能降低采购方交易费用。

农产品电商平台在建设实施过程中，将以客户需求为中心，技术服务为纽带，以高质量、高标准的目标进行规划和实施，并严格遵循图6-34的设计原则和宗旨。

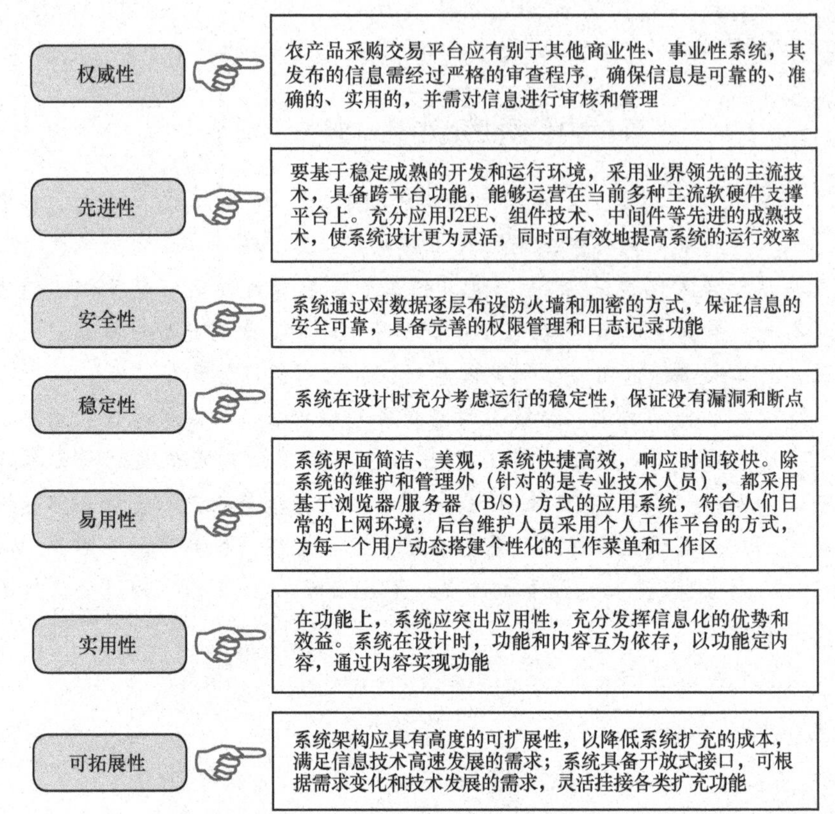

图6-34　农产品电商平台的建设原则

第7章

发展智慧农业的难点与对策

尽管各省市区智慧农业的推进取得了一定的成效，但总体上还处于起步阶段，存在的问题也非常多，如：部分基地和企业试点效果良好，但基地多数都是政府示范项目；基地和企业的综合性智能化管理水平还需提高；农村互联网基础设施建设比较薄弱，光纤入户覆盖的“最后一公里”尚未畅通；企业运维成本偏高，短期内难以获得预期的经济效益；基地的发展受制于交通条件、人才缺失等因素，广大农村物流基础设施和互联网公共服务平台的建设远未达到要求；在创新农业物联网商业模式上，农业企业、物联网企业、广大农户多方仍需努力；农民对物联网、云计算等新技术还比较陌生，观念尚待转变。此外，大型互联网零售企业往往很注重“消费品下乡”，而实施“农产品进城”则相对滞后。

发展智慧农业的实践应用主要体现在农业物联网、农业大数据和农产品电商3个方面，所以对智慧农业实践中的问题就从这3个方面来加以分析。

7.1 农业物联网技术应用的问题与对策

农业物联网技术的应用不仅有效解决了我国“三农”的问题，更推动了我国农业现代化的发展，对我国农业的快速发展有着十分重要的作用，物联网技术的应用也是未来农业的发展方向。

7.1.1 农业物联网发展中的问题

近年来，农业生产领域的物联网应用实践主要集中在农业设施生产环境监控、土壤墒情监测、农产品质量溯源以及粮食储运等环节，应用虽发展得有声有色，但在实施过程中也暴露出农业领域物联网应用推广存在的问题。

7.1.1.1 应用推广方面有困难

（1）现有农业生产经营模式制约物联网应用规模化的发展

目前，我国农村人均占地少，人口文化素质不高，而且基本是包干到户、分散经营的小农经济，不适合物联网应用的大规模推广。个体农户要部署诸如土壤养分检测和配方施肥的应用只能自购设备，这种方式，成本高、风险大，效益也不明显。目前，设施农业发展得较有起色，这是因为大棚或果园的生产方式易于管理，且能够在成本和效益之间找到平衡。但是真正的农业生产应用应该是面向大面积的室外田地而不是大棚。室外田地缺乏统一的大面积规划和管理，因此严重地阻碍了农业物联网应用的大范围推广。

（2）物联网应用基础设施建设成本较高，造成应用推广困难

推广物联网应用首先要部署传感器，农用传感器多为土壤监测、水质监测等化学类传感器，传感器成本较高。如测温度、湿度、二氧化碳浓度的传感器价格昂贵，后期维护成本又高，而农作物利润率普遍较低，因此部署传感器的投入产出比不高，农民部署传感器的意愿并不强。如何让农民和农业企业看到物联网应用的效果和可能带来的商业价值，是物联网发展面临的重要问题。

7.1.1.2 物联网相关产品尚不成熟，未有标准化规范

农业物联网需要用到大量传感器，但是传感器的可靠性、稳定性、精准度等性能指标不能完全满足应用需求，产品的总体质量水平亟待提升。如，土壤墒情监测传感器、二氧化碳浓度传感器、叶表面分析仪等设备和其应用的技术发展尚不成熟，且设备需要长期暴露在自然环境之下，经受烈日和狂风暴雨，容易出故障，使用会受到影响。

另外，我国目前在传感器与数据平台的应用、人机交互接口等方面还没有出台统一的国家技术标准，各生产厂家无法规模化生产产品，终端成本的选择成为制约物联网技术在农业中推广的重要因素。

7.1.1.3 多部门协同合作方面不通畅

物联网技术在农业的应用是一个涉及面广泛且复杂的系统工程，农业物联网采集的信息广泛，需要气象、环境、检验等部门、企业、农户多方协作。因此，保证物联网在不同的环节建立信息采集点，有效整合多部门的信息及功能，是解决此问题的关键。

7.1.1.4 商业模式问题

目前，农业物联网应用的商业模式主要有三种：运营企业做的示范性项目，花费由运营企业支付；农业主管部门推动的项目，花费由农业主管部门支付；一些有需求的大型农场为自己的物联网应用支付开销。这三种模式都没有很好地解决推广农业物联网应用成本高、产业链参与的主动性不够等问题。

7.1.2 多管齐下解开应用症结

7.1.2.1 推广应用的对策

针对目前农业存在的生产分散经营的现状，我们建议在推广农业物联网应用时采取以下措施：

① 寻找能够进行大面积土地经营管理的农庄集体经济体；

② 以行政村或乡镇为单位组织散户共同实施物联网应用工程，统一采购和集

约部署设备及解决方案。

7.1.2.2 技术产品

针对物联网相关技术、产品不成熟，传感器产品性能差且成本高等问题，我们建议解决方案的提供商与农户业主之间建立密切的合作关系，在实施过程中不断磨合需求与产品功能、性能之间的关系。农户应及时反馈产品的性能缺陷，使厂商能够及时改进、优化产品和解决方案，不断提升技术水平、产品质量。

另外，我国正在建立传感器信息采集等国家标准、行业标准和有关实施细则，这有助于规范各种农业物联网设备和产品的实际操作，加强对传感器和仪器仪表市场的统一管理，保障感知产业的健康发展。

7.1.2.3 建立适应物联网新技术的现代行政管理模式

政府部门可以加快技术支撑体系的建立，改变现在分割管理的模式，建立适应物联网新技术的现代行政管理模式，建立可以统筹各部门、各信息传输通畅的现代行政管理体系。

7.1.2.4 开拓创新商业模式

我们也可以开拓创新农业物联网的商业模式，如采取以租代建、购买服务的方式，降低风险和部署成本。为了调动农民的积极性，我们可采取前期免费部署，后期将农产品质量和产量明显提升后增收利润的部分分成作为厂商收入的商业模式，以此推广实施应用。

7.2 农产品电商的问题和对策

7.2.1 做农产品电商需考虑的问题

在农村，网上销售发展很快，农民收入提高了，农村经济也得到了相应发展。但是，要想做好农产品电商，在实践之前我们要想清楚 5 个问题，如图 7-1 所示。

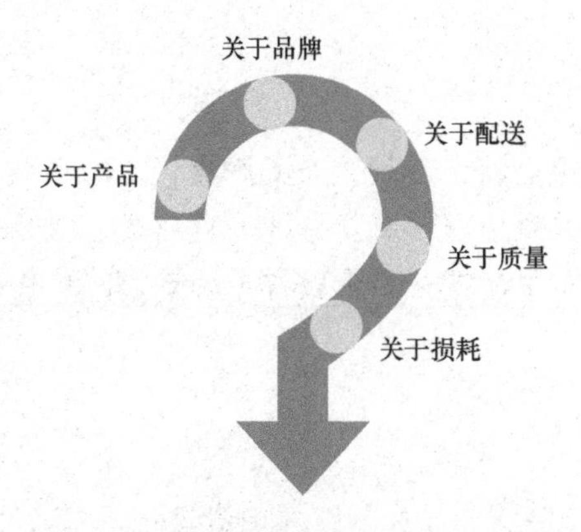

图7-1　做农产品电商要考虑的5个问题

7.2.1.1　关于产品

农产品电商中，产品的选择是企业首先要解决的问题。虽然所有农产品都可以成为电商产品，但不同农产品决定了不同的电商定位。

（1）产品的选择决定了产品定位和客户定位

比如，某电商企业选择做有机产品，定位是中高端客户；还有一些电商企业选择经销全国各地最有特色的农产品，定位是为消费者提供最地道的食物。

（2）产品的选择决定了产品的利润

对于农产品电商企业来说，产品的选择不同，其利润就有很大差别，具体如图 7-2 所示。

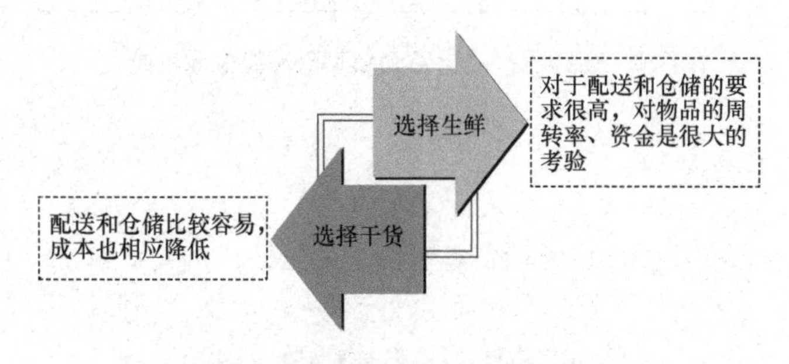

图7-2　产品选择决定了利润高低

（3）产品的选择决定了产品的售卖难度

由于农产品品类众多，产品的标准化问题一直很难得到解决，每种产品的口感、颜色、形状、大小等都不相同，即便相同的产品也不完全一样，从而会造成产品的售卖难度和客户的体验不同。

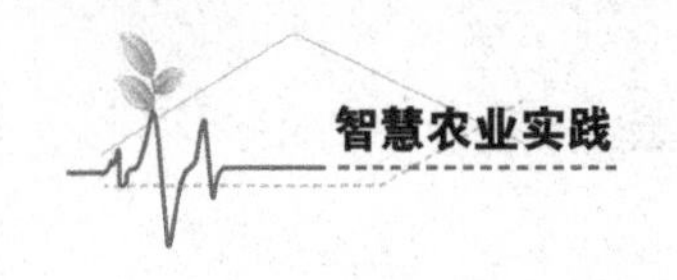

7.2.1.2 关于品牌

未来电商竞争的重点将是品牌以及品牌文化。做电商企业销售农产品，同样要树立品牌战略，重视品牌打造。品牌一旦形成，将会对电商的经营管理产生巨大的影响和能动作用，将有利于各种资源要素的优化组合，促进企业核心竞争力的提高。

7.2.1.3 关于配送

农产品，尤其是生鲜农产品作为电商销售的产品，配送是一个不容忽视的关键问题。生鲜农产品受温度、环境因素影响较大，生鲜电商企业要想把最“鲜”的产品送到客户手中，冷链配送必不可少。相较于普通的配送，冷链配送的建设成本高出普通配送建设成本的1/3 ~ 1/2，而且对软、硬件建设要求极高，是最考验商家实力的一项指标。生鲜农产品电商企业要有所作为，必须突破冷链配送的瓶颈，具体措施如图 7-3 所示。

1. 对于高成本的配送，企业可以通过开发高端商品或高附加值产品的方式提高每个客户单价来降低订单的配送成本
2. 对于硬件建设，企业必须要有保证生鲜产品一直处于低温状态的冷藏库以及保鲜配送的冷藏车
3. 对于软件建设，企业要确保冷链配送人员的专业性，如配货人员要在最短的时间内完成拣货和包装

图7-3 生鲜农产品电商企业突破冷链瓶颈的措施

7.2.1.4 关于质量

能否保证产品质量关系到消费者对商家的信任，也关系到一个品牌的未来。由于农产品与工业产品不同，产品质量没有统一的标准，因此，厂家在为客户提供产品的时候要更加注重产品的质量保障，具体如图 7-4 所示。

（1）加强对供应链的控制

电商企业从一开始就要严格控制整个供应链的流程，让每个产品从源头到消费者手中的每个环节都实现严密对接，以确保产品新鲜、优质，从而赢得更多客户的信任，具体要求如图 7-5 所示。

加强对供应链的控制
提高农产品质量的措施
生产流程透明化
通过营销形成口碑

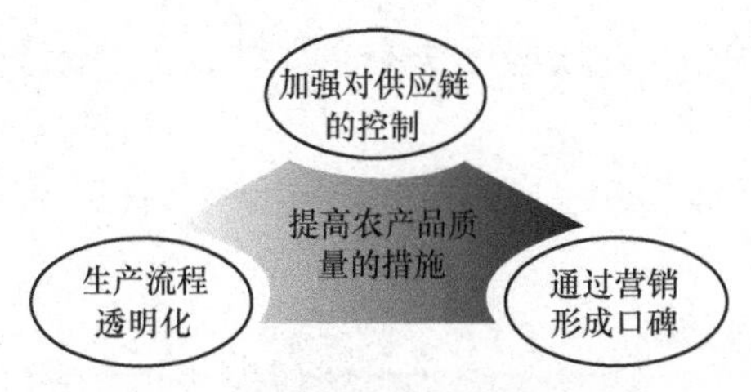

图7–4 提高农产品质量的措施

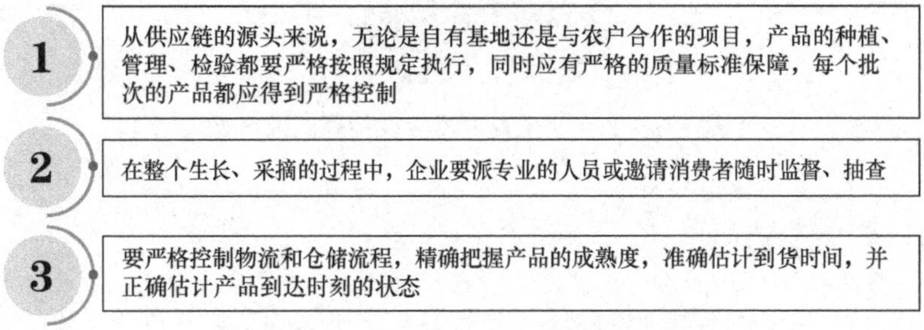
1
从供应链的源头来说，无论是自有基地还是与农户合作的项目，产品的种植、管理、检验都要严格按照规定执行，同时应有严格的质量标准保障，每个批次的产品都应得到严格控制
2
在整个生长、采摘的过程中，企业要派专业的人员或邀请消费者随时监督、抽查
3
要严格控制物流和仓储流程，精确把握产品的成熟度，准确估计到货时间，并正确估计产品到达时刻的状态

图7–5 加强对产品供应链的控制的措施

（2）生产流程透明化

例如，某些茶叶电商企业的做法是为每位生产者建立档案，详细记录茶叶在种植过程中每一步的情况，包括施肥、采摘时间等，并且在产品上注明生产者的姓名和生产日期。消费者可以由此追溯每份茶叶的生产过程，以实现对全流程的透明化管理。

（3）通过营销形成口碑

品牌获得消费者的信任还牵涉如何营销的问题。企业只有采用好的营销方式才能让更多的人知道自己的品牌，然后形成优质的口碑。

7.2.1.5 关于损耗

损耗是农产品电商企业面临的一个很现实的问题，尤其是生鲜农产品，其损耗率一直居高不下。专业人士分析：目前在我国，果蔬在物流过程中的损耗约三成，100吨的蔬菜有时会产生20吨的垃圾。高损耗在无形中也增加了产品的成本，这也是让很多电商企业头疼的一个问题。

7.2.2 农产品电商发展面临的困难及对策

目前，农产品电商企业的数量还在不断增加，竞争无序、农产品品质参差不

齐的现象频频发生，用户食用安全无法保证、商家亏损经营、新开店铺与店铺倒闭并存的问题还很严重。

目前，农产品电商发展存在问题的几方面如图 7-6 所示。

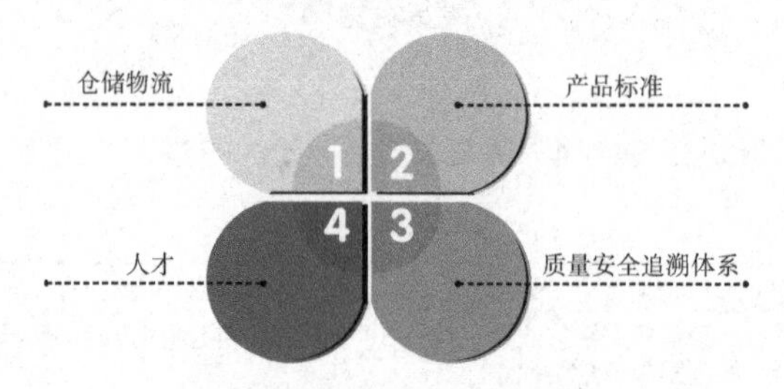

图7-6　农产品电商发展存在问题的几方面

7.2.2.1　仓储物流

目前，我们的仓储物流体系还不够完善，主要体现在以下两个方面，具体如图 7-7 所示。

图7-7　仓储物流体系不完善的表现

仓储物流体系不完善也是制约中、西部较为偏远及交通较为落后地区的电子商务发展的因素。物流制约农产品电商发展的原因如图 7-8 所示。

图7-8　物流对农产品电商发展的影响

解决农产品仓储物流的问题，不仅涉及基础设施及设备的巨额投资，还涉及道路建设，单靠个别小生产者是不可能解决的。这时，政府需要出面，具体对策如图 7-9 所示。

可以在综合考核之后对某些地区的仓储物流业的发展给予适当的引导和支持，以改善当地的仓储物流条件，促进当地农产品电商的发展

政府解决仓储物流问题的对策

依据生鲜农产品的主产地和消费地的供需情况，加快冷链物流的布局，引导物流企业积极参与建设，进一步完善冷链物流体系

图7-9 政府解决仓储物流问题的对策

7.2.2.2 产品标准

目前，很多农产品都是没有行业标准的，尤其是蔬菜、水果类产品，具体表现如图 7-10 所示。

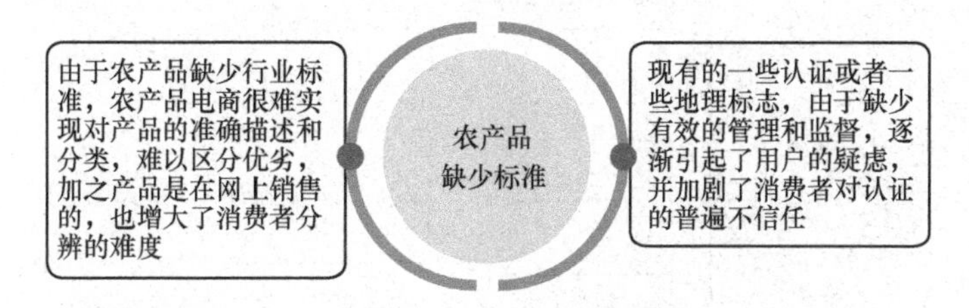

图7-10 农产品缺少标准

对此，政府可采取以下措施，加强管理农产品标准，具体内容如图 7-11 所示。

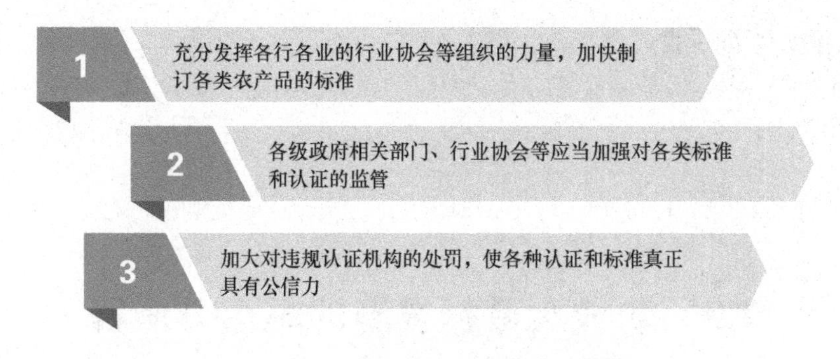

图7-11 加强农产品标准管理的措施

7.2.2.3 质量安全追溯体系

质量安全追溯体系不仅具有追溯安全事故责任的功能，还应当为消费者提供辨别产品质量的依据。例如，不少生产者为了取得消费者的信任，直接在生产源

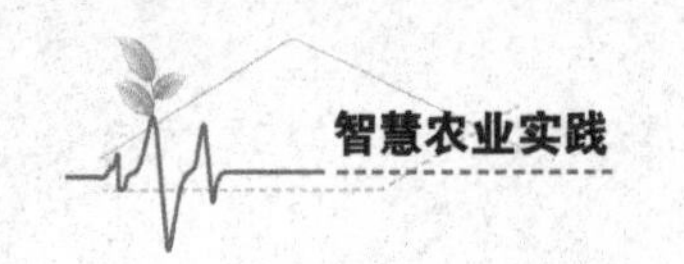

头安装24小时工作的摄像头，为消费者提供实时的画面。但此种办法从推广应用效果来看，目前还处在初期探索阶段。

政府应加强与各个企业的联系及合作，通过联合各方力量和优势，加快推出较为可行且相对统一的标准，以促进该行业更加有序规范地发展；另外，质量安全追溯体系应当主要由谁来实施、谁来维护、谁来监管、谁来付费等问题也应得到政府的高度重视。

7.2.2.4 人才

各行各业的发展都需要人才，农产品电商也是如此。农产品电商的发展主要需要以下三大类人才，如图7-12所示。

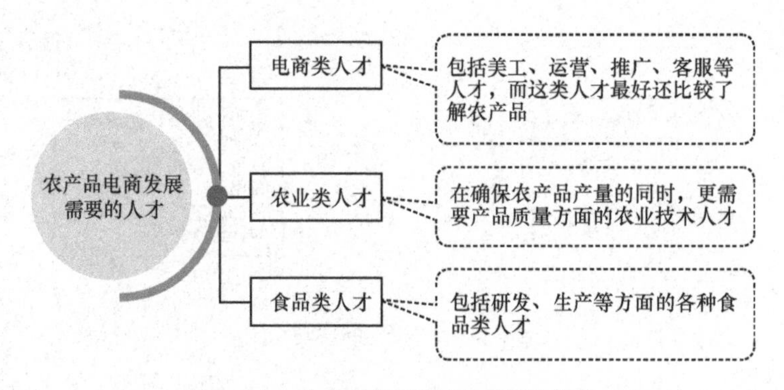

图7-12 农产品电商发展需要的人才

因此，各地在发展农产品电商时，不仅要加强人才引进和人员培训，更应当充分与协会、农业专业合作社等各种组织结合，借助电子商务这股新风促进当地农业的发展。

7.3 农业大数据发展的难点与对策

随着农村电商的发展，农业上下游的农资销售、农业生产、农产品流通数据以及与农业关联的土地流转、气象、土壤、水文等数据，均获得大规模的积累沉淀，这些大数据将成为农业决策实施的关键。

7.3.1 大数据发展的痛点与问题

7.3.1.1 网络基础服务设施不完善

数据的时效性决定了大数据农业的精准与高效。但是，我国农村，尤其是偏远农村地区的经济发展落后、地质条件相对复杂、人口分布大多分散，网络信息基础设施建设和运行维护的成本收益比不合理，从而在一定程度上造成了市场失灵、网络数字鸿沟呈现扩大趋势。目前，许多的行政村并没有接通宽带，这一短板极大地阻碍了农业大数据的发展进程。因此，先完善网络基础服务设施成为发展农业大数据的首要问题。

7.3.1.2 大数据共享度低

近年来，随着我国信息化的不断推进，农业数据开放共享的基础环境不断优化，一批开放共享的平台和系统逐渐形成。但是，农业数据共享总量有限，水平亟待提高。

（1）参与农业数据统计的部门众多

目前，参与农业数据统计的部门有很多，各个部门各取所需，造成数出多门，阻碍了数据的开放共享。

（2）共享技术支撑不足

共享技术支撑不足表现在以下 3 个方面，如图 7-13 所示。

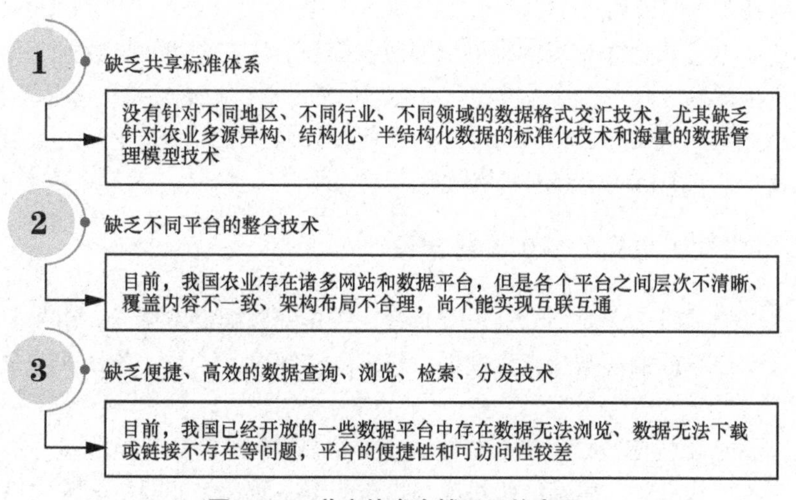

图7-13　共享技术支撑不足的表现

7.3.1.3 大数据人才匮乏

农业大数据的发展离不开雄厚的人力资源保障，其发展不仅需要精通农业知识的相关人才，还需要懂得大数据挖掘处理技术的计算机人才、农业数据网络人才和信息管理人才，这些人才聚集在一起共同构成一个有机的农业大数据技术团队。但是就目前的农村现状而言，发展大数据农业的人力资源并不乐观：一方面，随着城市化进程的不断加快，大量青壮年劳动力涌入城市务工，有能力掌握新技术的劳动力不断流失，农村空心化，土地撂荒现象时有发生；另一方面，由于政治、经济、社会、自然等多方面的综合原因，广大农村地区难以引进专业的技术人才，即使行业可以幸运地引进相关技术人员，往往也由于没有完善的配套激励措施导致大量专业技术人才流失，造成农业大数据的实践主体严重缺位。

7.3.2 农业大数据的发展对策

农业大数据快速发展需要依靠更完备的信息化基础、更透彻的农业信息感知、更集中的数据资源、更广泛的互联互通、更深入的智能控制和更贴心的公众服务。

7.3.2.1 政府主导，多方推进农业大数据的示范与推广

当前，无论是农村电商还是大数据产业，都处于发展的初级阶段。依托大数据技术广泛推动农业发展，在短时间内并不现实，农业大数据市场还是一个充满机遇、有待开发的市场。

因此，农业大数据市场的发展需要政府部门、涉农企业、大数据企业和农业生产经营主体多方合力、共同推动。有关部门需要提供政策支持，引导涉农企业、大数据企业构建以品种或区域为中心的农业大数据平台，让农业大数据服务成为企业的直接赢利项目或配套的增值服务。

7.3.2.2 推动大数据的基础设施建设

大数据与农业更好地结合，需要依靠大数据的基础设施建设。相关人员应尽可能开发政府掌握的各类涉农大数据，还需制订针对各区域、各品种的农资解决方案。

各级政府部门应该拨发专项资金大力支持农村网络基础设施建设，扩大通信管网、增加无线基站、提高各级机房等设施的覆盖面，保证网络覆盖到每一个行

政村，为实现大数据农业提供坚实的物质基础。电信企业则需要提升服务能力，贯彻提速降费政策。

7.3.2.3 大力推进农业大数据共享开放

国家应该全面、细致、强力地规划农业大数据产业，减少大数据资源共享的屏障。

（1）加强数据共享顶层设计

政府推动建立农业大数据共享中心，明确国家层面农业大数据平台、中心和系统的建设任务，理清不同层面平台的衔接配合关系，明确各部门数据共享的范围边界，明确各部门数据管理及共享的义务和权利，将原本分散存储的数据统一汇集到公共数据中心，强力推进数据的共建共享。

另外，政府还可以通过财政、税收等措施对相关主体进行必要的经济补贴，从而引导相关利益部门开放农业大数据共享平台，实现农业大数据资源的无障碍流通。

（2）完善数据共享技术体系

“云物移大智”（即云计算、物联网、移动互联网、大数据、智慧城市）时代的信息共享必须有多种数据共享技术的支撑。数据共享技术体系的构成如图7-14所示。

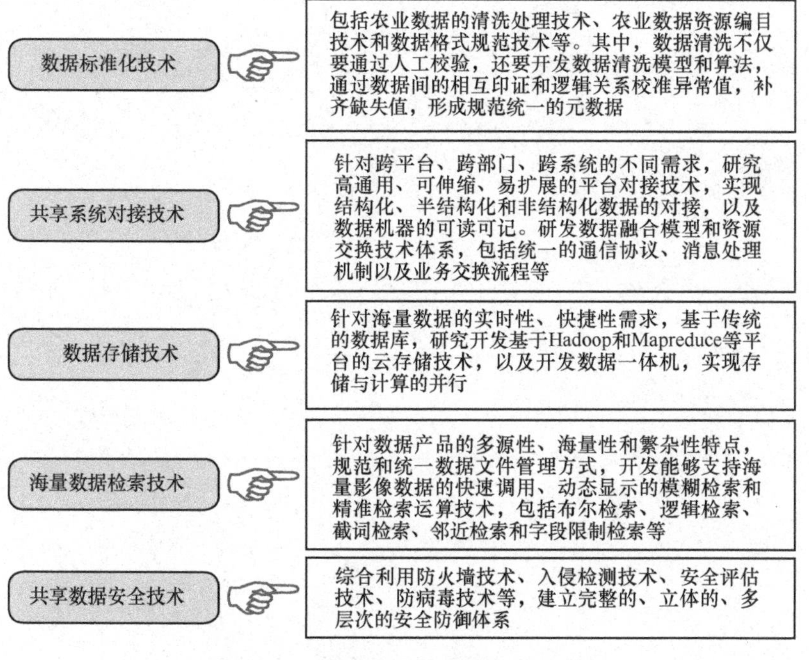

图7-14 数据共享技术体系的构成

（3）制订数据共享内容标准

数据标准是实现数据共享的基础支撑条件。各级政府部门应积极推进现代农业数据标准体系的建设，建立农业数据基础标准、采集标准、质量标准、处理标准、安全标准、平台标准和应用标准等。

（4）完善数据开放共享机制

各级政府还应建设涉农部门、涉农行业、涉农领域信息共享机制，逐步实现上下级、跨部门、跨领域的农业数据信息共享、发布和开放利用机制。

7.3.2.4 加强农业大数据技术的培训推广

各级政府部门需要加大对农业大数据相关知识和技能的培训力度，运用农民认为通俗易懂的语言，深入浅出地传授农业大数据的技术手段和管理方法，要让农民“听得懂、学得会、记得牢、做得好”。各级政府部门还应成立农业大数据技术推广组，邀请农业大数据技术人员随时为农民答疑解惑，提供技术咨询服务，保证农业大数据技术在基层得到有效普及与推广。

第三篇

案　例　篇

第8章

供益供应链配送平台助力东莞“放心菜篮子”

8.1　项目背景

深化农业供给侧结构性改革是让农副产品的质量和数量满足消费者的需求，使供给和需求之间达到平衡发展的基础保障。近几年，食品安全问题一直是东莞市政府聚焦的重大民生问题，加强食品安全保障多年被列为“市政府十件实事”之一。

8.2　项目简介

东莞市石碣供销社作为广东省综合改革试点单位，于 2015 年 4 月正式成立东莞市石供农副产品配送有限公司。该公司主要经营食堂农副产品配送业务，并积极参与“放心菜篮子”工程建设。石碣供销社和重庆大学安德研发中心联合研发了农副产品供应链信息化平台，即供益供应链配送平台。该平台全流程保障农副产品的安全，并于 2017 年 12 月正式上线运营。

2018 年 1 月，石碣供销社、石碣镇经济发展总公司、石碣食品公司和东莞市石供农副产品配送有限公司共同筹建了东莞市供益农副产品供应链有限公司（以下简称“供益供应链”），供益供应链的业务范围如图 8-1 所示。

食材配送

团餐业务

生鲜电商

种植养殖

图8-1　供益供应链的业务范围

在市、镇政府的联合领导下，供益供应链以全国最大的石碣镇供港蔬菜基地和供销社特色品牌为依托，实行阳光直采，致力于打通农田到餐桌的“最后一公里”；搭建食品安全信息追溯系统，引入监管部门，与食药监等职能部门形成互联互通、信息共享的联动机制，致力打造放心食品“保障网”；引入大健康、膳食营养等配套服务，推动消费升级；积极开展农副产品供应链平台的运营工作，形成可复制推广的供销改革新模式，成为东莞市、广东省乃至全国供销社综合改革的典型。

8.3 平台架构

生鲜商品难保存、难运输，因此，其配送的业务场景有别于常规配送行业的业务场景。生鲜商品的管理一直是困扰农副产品配送公司的一大难题。重庆大学安德研发中心根据供益供应链线下实际业务，定制开发了一整套农副产品供应链配送平台，如图 8-2 所示。

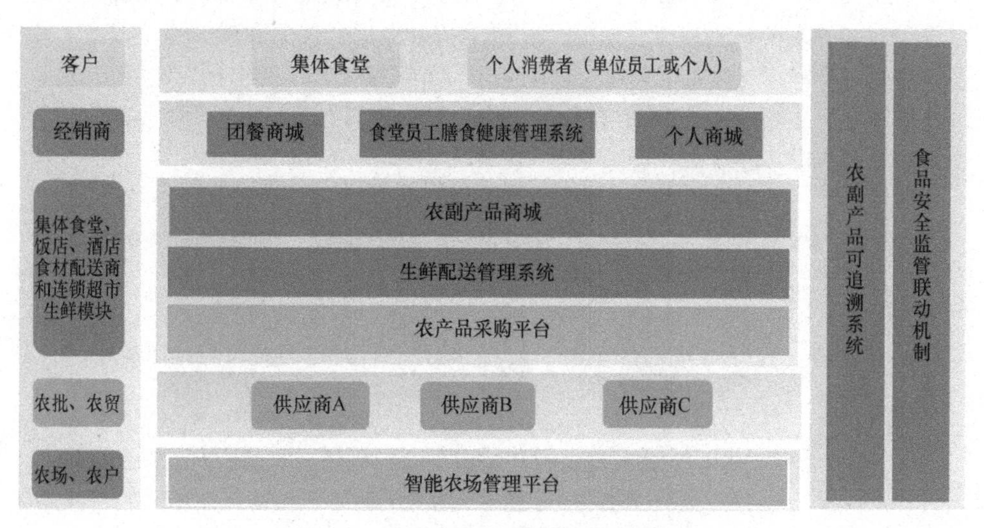

图8-2　农副产品供应链配送平台架构

8.3.1　生鲜配送管理系统

重庆大学安德研发中心按照现代仓储管理理念开发出符合农副产品业务的流

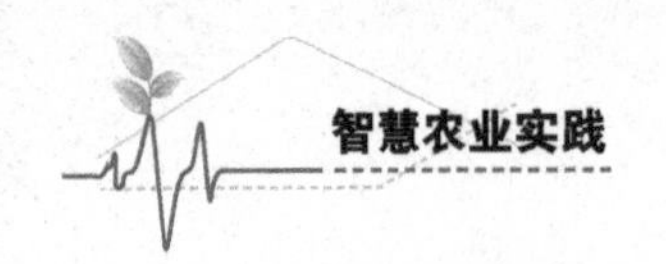

程，如采购管理、仓储管理配套作业系统，能极大地减少农副产品配送公司的内部单据作业流转流程，提高运营效率，减少产品的内部流转时间，减少不必要的损耗。

物联网技术将线下终端设备、传感器应用于线下实际场景，如采购终端工具、仓储管理实时监控中心等，使信息更具有时效性；线下管理高度集成化，极大地提高了工作效率，减少了员工的负担。

运输管理系统实时跟踪所有车辆（结合 GPS），保持信息流和物流的畅通，保障“最后一公里”的物流安全。

内部资源综合管理中心是集成订单、采购、分拣、物流各个环节及线下实物流通的综合管理中心。该中心整合企业内部商品和客户订单以及系统各个模块，集成商流、现金流、实物流、信息流，并对其进行预测分析。

8.3.2 团餐商城

重庆大学安德研发中心结合供益供应链经营的机关、学校、医院等集体食堂的食材配送业务，针对集体食堂大宗采购的特性进行交互设计，提供方便快捷的下单交互模式，设计了“我的菜谱”“再次购买”等便捷的下单工具。集体食堂精益管理推动的主要核心在于食材管理，要求即食即采，保质保量，降低成本。为了大幅度减少客户与供益供应链之间的线下文字报表工作（如月结对账等），该系统提供了统计表报、财务表报等功能，增强了双方互动，提升了作业效率。团餐客户的购买流程及配送流程如图 8-3、图 8-4 所示。

图8-3　团餐客户购买流程

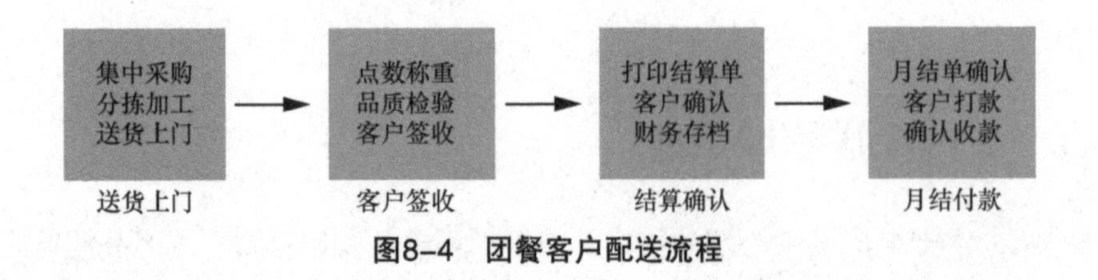

图8-4　团餐客户配送流程

8.3.3 个人商城

个人商城是根据目前最流行的页面交互模式进行设计的。个人商城提供扁平化商城页面和快捷的购买方式，它是以食堂为依托的自提点管理体系。个人客户的购买流程、自提流程、快递流程如图 8-5、图 8-6、图 8-7 所示。

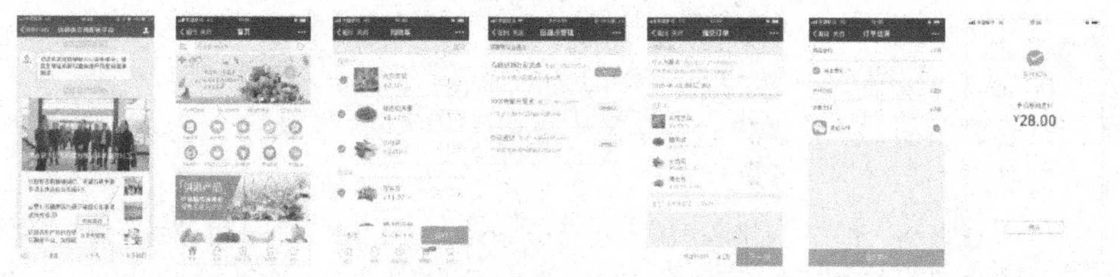

图8-5　个人客户购买流程

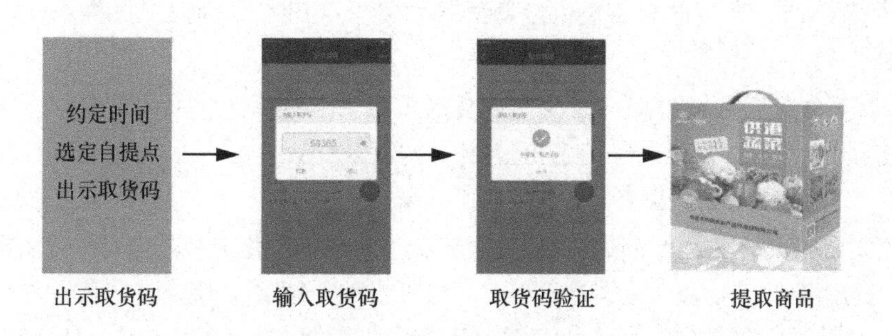

图8-6　个人客户自提流程

图8-7　个人客户快递流程

供益供应链根据自身资源优势，将三同食品、供港蔬菜、供销社品牌农副产品、食品公司猪肉等精选为主要产品，所有产品的品质均高于国家标准。详细内容有以下几点，如图 8-8 所示。

① 供益精选：供益供应链拥有自己的蔬菜种植、家禽养殖基地，以石碣镇供港蔬菜基地管理经验为依托，将食药监职能部门作为监管第三方，生产出无公害、无污染、绿色健康的生鲜农副产品，这些产品的品质远高于国家标准。供益供应链给客户提供最优质的生鲜农产品。

② 三同食品：三同是指同线、同标、同质。具体形式是食品出口企业在同一条生产线上，按照相同的标准生产出口和内销产品，使供应国内市场和国际市场的产品达到相同的质量水准。供益供应链引入几十家三同食品厂商，提供优质的三同产品。

③ 供港蔬菜：相对于内地市场上销售的蔬菜而言，供港蔬菜在食品安全保障、食品监管力度上更加严格，产品品质更具有标准化。供港蔬菜是由分布于各地的供港蔬菜基地依据季节特性排期生产的蔬菜，这些蔬菜的口感非常好。石碣镇是广东省最大的供港蔬菜基地。供益供应链与石碣当地多家优质供港蔬菜公司达成深度合作，直接面向市民供应新鲜的供港蔬菜产品，为市民提供更优质的消费选择。

④ 名优新特：供益供应链与全国各省市区著名的特色食品厂商合作，引进各省市区的特色产品，让全国特色产品走出省市区，直接面向个人消费者，消费者在家门口就能享用到全国各地的特色食品。

⑤ 非物质文化遗产：传统美食技艺占据了非物质文化遗产的重要部分。然而随着时间的逝去，非物质文化遗产不再是一份纸上的“荣耀”，更是人民的一种历史归属感。供益供应链充分发挥自身优势，挖掘当地非物质文化遗产食品，如白沙油鸭、新村腐竹、厚街腊肠、石龙米粉等，让传统食品继续延伸，让传统食品继续留在人们的口中。

⑥ 供销莞货：东莞市供销社结合当地特色，开发当地土特产资源，直接采收原料，经过特殊工艺加工和严格的食品检验检疫，使食品品质与同类商品相比更安全、更放心。

图8-8　供益产品

8.3.4 放心食品的可追溯系统

供益供应链使用加密条码（条形码、二维码）作为农副产品唯一的“身份证”，并结合物联网技术（如无线扫码枪、光电传感器、温湿度传感器、遥感设备等），实时记录线下生产作业情况，实时跟踪从农田采摘到农副产品加工生产的整个环节，全程把控农副产品生产环节质量。

供益供应链通过农副产品可追溯系统记录的农副产品质量检疫数据、批次信息、生产环境温度及湿度等原始基础信息，进一步监管农副产品生产商和农副产品加工商的生产环境（5M1E，即人员、设备、物料、工艺、作业标准、生产环境），强化对供应链上游供应商的管理。供益供应链与食药监等职能部门实现数据的互联互通，搭建了食品安全监管联动机制，实现全环节质量体系升级，如图 8-9、图 8-10 所示。

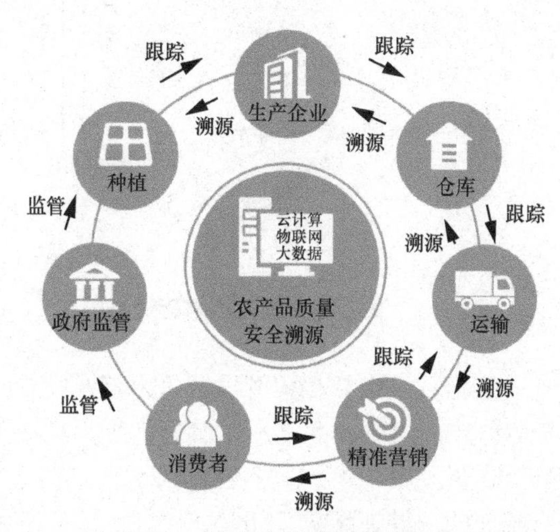

图8-9 放心食品的可追溯体系

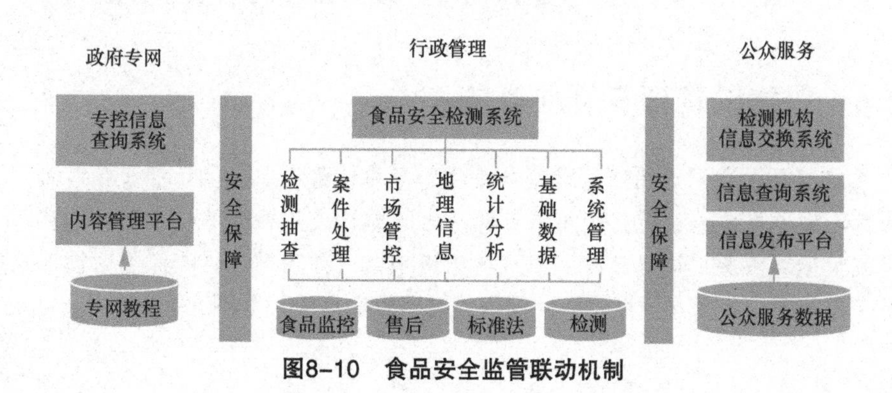

图8-10 食品安全监管联动机制

8.3.5 员工健康膳食档案管理系统

员工健康膳食档案管理系统可以分析订单商品的热量和来自员工穿戴设备的每日健康信息，以及提取企业员工膳食管理档案的每日饮食等数据，以《中国居民膳食指南 2016》为标准，健康评估个人的每日摄入，如图 8-11 所示。

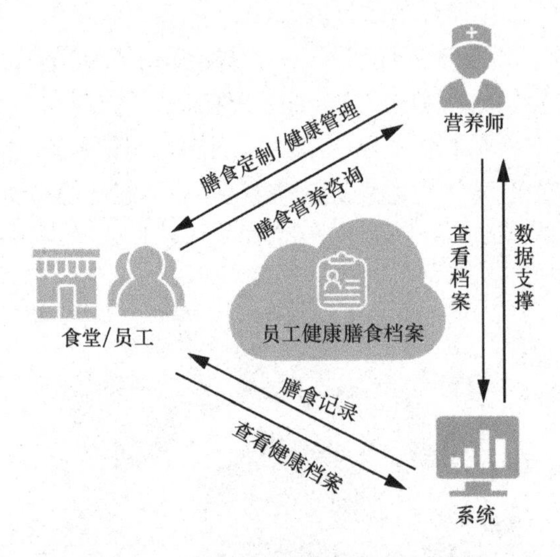

图8-11 员工健康膳食档案管理系统

供益供应链拥有一整套健康膳食档案管理解决方案及完善的配套系统。专业营养师根据员工的身体体质、健康状况以及口感喜好等为其量身定制营养餐，并详细跟踪、记录和管理每位员工的饮食情况及健康状况。

供益供应链拥有强大的营养师团队，团队成员均为国家高级营养师及执业医师，他们已服务于残联、社区、妇联、中小学校、幼儿园、养老院等机构。

8.3.6 餐饮经费预算管理系统

餐饮经费预算管理系统管理集体食堂年度餐饮经费，提供年初预算编制，详细跟踪年中预算执行情况，利用云计算、大数据和人工智能等技术实时预测、分析及调整预算情况，年终自动生成预算分析报告，并出具详尽的评价考核，以指导下一年度的餐饮经费预算工作。餐饮经费预算管理流程如图 8-12 所示。

图8-12 餐饮经费预算管理流程

8.3.7 学生营养改善计划解决方案

学生营养改善计划是我国于2011年实施的解决农村义务教育学生就餐问题的一项健康计划。“十三五”期间，教育部会同中央各有关部门、地方各级政府精准施策，落实责任，确保安全，切实把营养改善计划这项民心工程办好，造福广大贫困地区的中小学学生。

供益供应链积极响应教育督导局的学生营养改善计划，打造符合中小学学生的健康营养餐，并建立学生健康膳食档案，为学生的健康成长和全面发展奠定了坚实基础。

8.4 公众信任

供益供应链配送平台的建设得到了东莞市食品药品监督管理局、东莞出入境检验检疫局、东莞市质量技术监督局、东莞市工商行政管理局、东莞市商务局等职能部门的全程指导和大力支持，如图8-13所示。

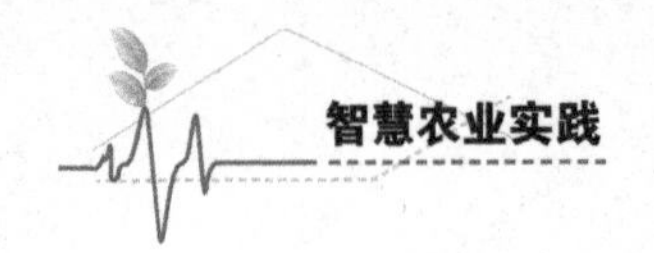

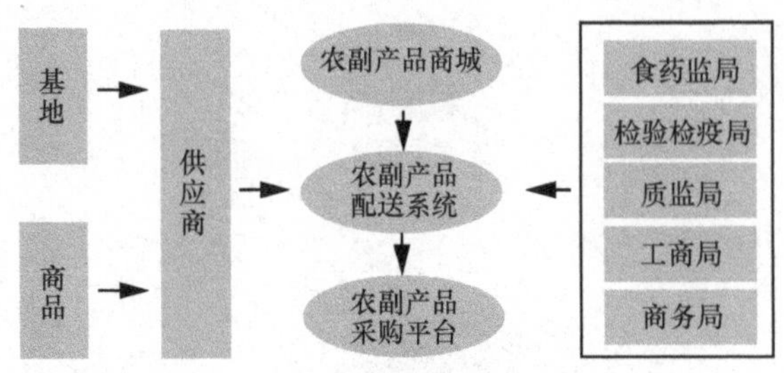

图8-13　职能部门支持

历时一年的筹备，东莞市供益农副产品供应链配送中心于2018年1月12日在石碣投入运营，供益供应链配送平台同步上线。这是广东省供销社改革启动以来，东莞市供销社系统搭建的首个农副产品供应链配送中心，也是东莞市供销社打造的第一个智能化配送中心。公司架构如图8-14所示。

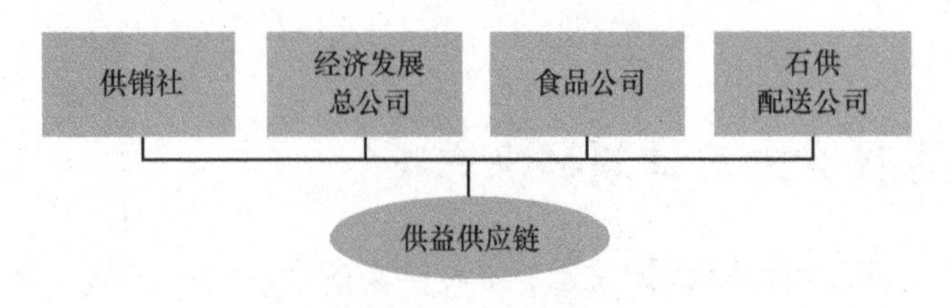

图8-14　公司架构

东莞市供销社相关负责人表示：石碣供销社要致力于将“菜篮子”配送打造成供销社深化综合改革的重点项目，打造成市镇两级强化放心食品监管的有力抓手，打造成供销合作社参与乡村振兴发展、构建覆盖城乡的农副产品流通网络体系的重要载体。他还强调，石碣供销社作为广东省综合改革试点单位，其配送项目是综合改革试点的重点项目；接下来要加强“供应链配送平台”的运营，形成可复制推广的经验，将其打造成东莞市、广东省乃至全国供销社综合改革的典型。

该平台的启动标志着石碣镇食品安全工作和农副产品供应跨上新台阶，是石碣镇一项新的民生工程，必将进一步保障石碣镇全镇集体食堂的食品安全，满足人民对优质安全、营养健康的食品的需要。石碣镇相关负责人提出三点希望：一是希望供益中心始终坚持服务“三农”、服务居民、服务社群、服务企业的根本宗旨，创新服务理念，提高服务质量；二是希望各相关部门和供益中心紧密配合，通力合作，确保“舌尖上的安全”；三是希望石碣供销社、石碣食品公司和石碣镇经济发展总公司继续拓展服务领域、开拓农副产品配送业务，促进石碣镇供销工作始终走在东莞市、广东省乃至全国前列，为供销系统的改革探索新路径、寻找新方向。

参 考 文 献

[1] 陈定洋 . 智慧农业：我国农业现代化的发展趋势 [J]. 学习时报，2016-07-21.

[2] 周国民. 浅议智慧农业 [J]. 农业网络信息，2009（10）：5-7.

[3] 徐丹. “智慧农业”路在何方 [J]. 中国高新技术企业，2012（02）：96-98.

[4] 刘春红，张漫，张帆，等. 基于无线传感器网络的智慧农业信息平台开发 [J]. 中国农业大学学报，2011（05）：151-156.

[5] 卢闯，彭秀媛，宣锴，等. 物联网在设施农业中的应用研究 [J]. 农业网络信息，2011（09）：10-13.

[6] 郑嘉宝 . 国外智慧农业发展现状：日本智慧农业发展经验借鉴 [OL]. 前瞻产业研究院前瞻网，2016.

[7] 韩玮 . 英国 ：“精准农业”模式 [J]. 中国农资，2017.

[8] 黄之珏 . 发展“互联网 + 农业”推动智慧农业、智慧农村建设 [J]. 经济论坛，2016（01）：86-87.

[9] 谢昌玲，刘睿，李伟，等 . 智慧农业在现代农场中的发展前景探讨 [J]. 南方农业，2015，9（36）：239-240.

[10] 杨瑛，崔运鹏 . 我国智慧农业关键技术与未来发展 [J]. 信息技术与标准化，2015（06）：34-37.

[11] 朱茗 . 基于物联网的智慧农业系统研究 [J]. 中国新通信，2013（11）：19.

[12] 孙忠富，杜克明，郑飞翔，等 . 大数据在智慧农业中研究与应用展望 [J]. 中国农业科技导报，2013.15（06）：63-71.

[13] 大数据时代下的大数据到底有多大？ [OB]. 中国大数据，2014.

[14] 点赞！首位农业物联网领域企业家担任安徽工商联副主席 [OL]. 凤凰网，2017.

[15] 石军. “感知中国”促进中国物联网加速发展 [J]. 通信管理与技术，2009（05）：1-3.

[16] 李道亮. 物联网与智慧农业 [J]. 农业工程，2012（01）：1-7.

[17] 大唐电信. 大唐电信智慧农业物联网解决方案 [J]. 通信世界，2011（16）：10.

[18] 苏万明，于文静 . 全国 12316 三农综合信息服务平台体系初步形成 [OL]. 新华社 ,2014.

[19] 白红武，孙爱东，陈军，等 . 基于物联网的农产品质量安全溯源系统 [J]. 江苏农业学报，2013（02）.

[20] 田地．借力顶层设计打造智慧农业——海南石山互联网农业小镇侧记 [OL]．中国品牌农业网，2016.
[21] 仇方迎，王春，孙治贵．“电脑农业”：现代化农业的试金石 [N]．科技日报（特别关注版），2002.
[22] 蒋建科．“数字农业”带动农业现代化 [J]．农资科技，2003（05）：41.
[23] 薛领，雪燕．数字农业与我国农业空间信息网格（Grid）技术的发展 [J]．农业网络信息，2004（04）：4-7.
[24] 曹宏鑫，王家利，郑宏伟．发展“数字农业”推动农村信息化 [J]．农业网络信息，2004（01）：17-20.
[25] 唐世浩，朱启疆，闫广建，等．关于数字农业的基本构想 [J]．农业现代化研究，2002，23（03）：183-187.
[26] 张秋文，王乘，张勇传，等．湖北数字农业工程初探 [J]．湖北农业科学，2003（02）：4-7.
[27] 王海宏，周卫红，李建龙，等．我国智慧农业研究的现状·问题与发展趋势 [J]．安徽农业科学 .2016，44（17）：279-282.
[28] 陈有财．基层农技推广队伍的现状与管理浅议 [J]．福建农业，2001（05）.
[29] 曹晓婕．农业科技推广面临的主要问题及对策 [J]．现代农业科技，2005（08）.
[30] 雷云富．如何加强基层农业技术推广工作 [J]．吉林农业，2012.
[31] 朱立军．关于我国农业推广体系的几点思考 [J]．安徽农业大学学报（社会科学版），2005（03）.
[32] 张德永．基层农技推广如何走出困境 [J]．农业经济问题，1994（12）.
[33] 海南首个互联网农业小镇让“石头缝里长金子”[OL]．海南省农业厅，2017.
[34] 张凌云，薛飞．物联网技术在农业中的应用 [J]．广东农业科学，2011(16).
[35] 何飞，黄体允，李英艳．电子商务下农产品物流运作模式研究 [J]．经营管理，2009（07）：43-45.
[36] 盛革．农产品虚拟批发市场协同电子商务平台构建 [J]．商业研究，2010（07）：56-57.
[37] 肖湘雄．大数据：农产品质量安全治理的机遇、挑战及对策 [J]．中国行政管理，2015（11）：25-29.
[38] 张璋．数据共享是实现科学创新的根本保障——农学家畅谈农业数据共享问题 [J]．科学咨询，2003（03）：10-11.
[39] 王博，韩静，臧笑磊，等．农业信息化在推广中的问题与对策浅析 [J]．农业经济，2016（04）：19-20.